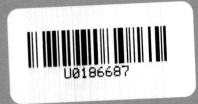

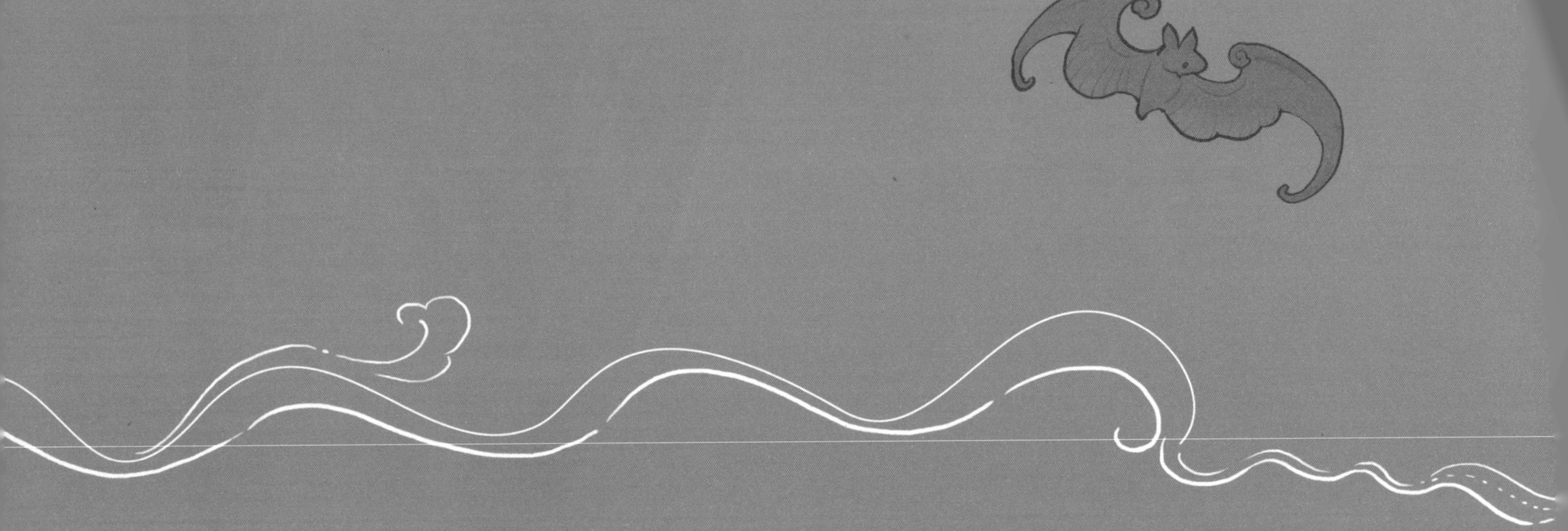

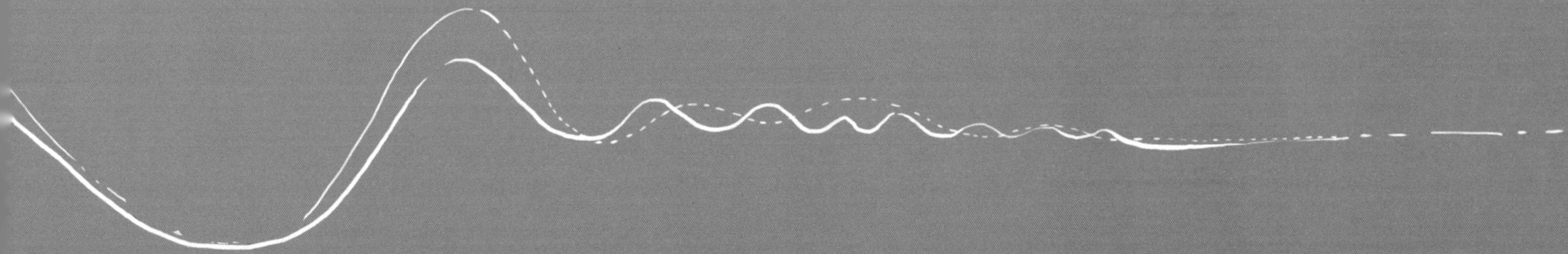

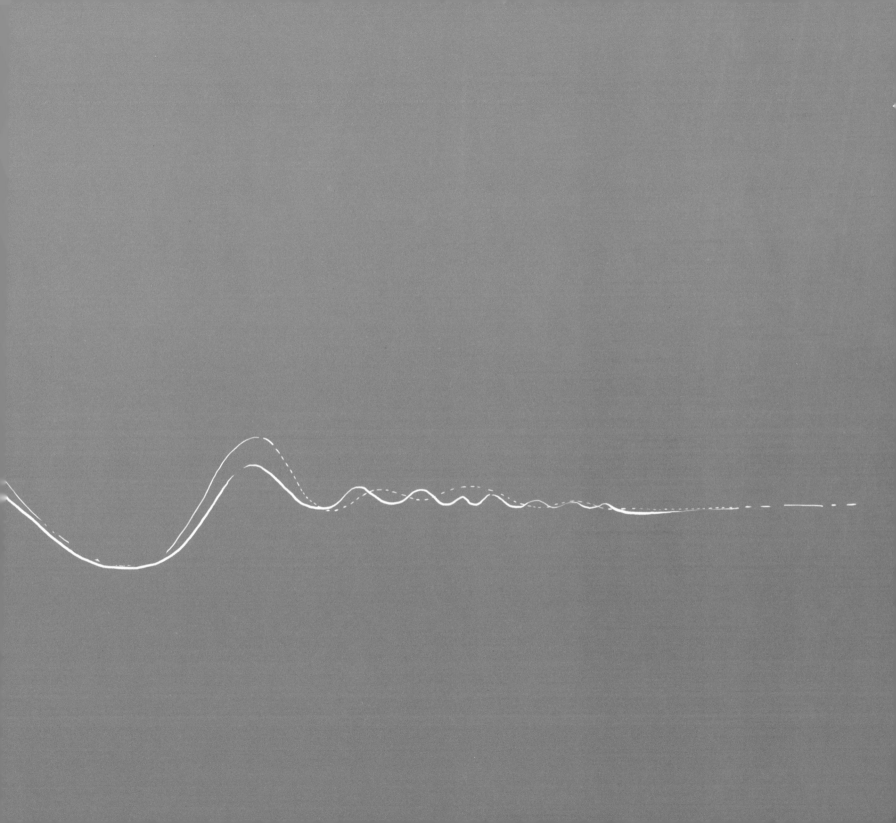

会写诗的植物

曹林娣 主编

你好园林，神奇的院子

文小通　刘娜
编著

李冬冬　郭铮
绘

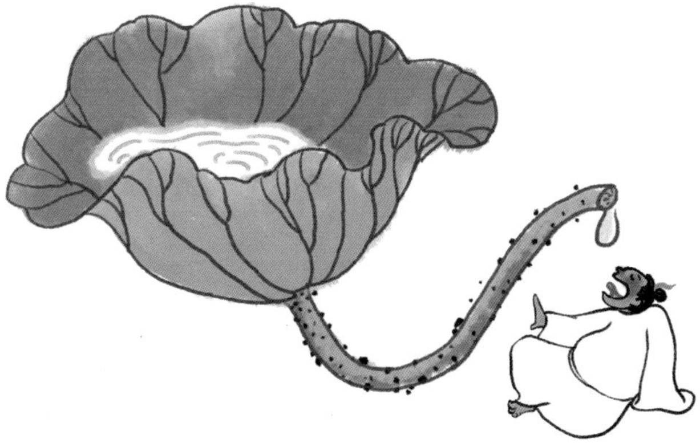

古吴轩出版社

图书在版编目（CIP）数据

你好园林，神奇的院子．会写诗的植物 / 曹林娣主编 ; 文小通，刘娜编著 ; 李冬冬，郭铮绘．-- 苏州 : 古吴轩出版社，2022.1
ISBN 978-7-5546-1728-1

Ⅰ．①你… Ⅱ．①曹… ②文… ③刘… ④李… ⑤郭… Ⅲ．①古典园林—园林艺术—苏州 Ⅳ．①TU986.625.33

中国版本图书馆CIP数据核字(2021)第060393号

责任编辑：李爱华
见习编辑：沈欣怡
策　　划：鲍志娇
特约编辑：郭　铮
装帧设计：王左左

书　　名：你好园林，神奇的院子．会写诗的植物
主　　编：曹林娣
编 著 者：文小通　刘　娜
绘　　者：李冬冬　郭　铮
出版发行：古吴轩出版社
地址：苏州市八达街118号苏州新闻大厦30F　邮编：215123
电话：0512—65233679　传真：0512—65220750
出 版 人：尹剑峰
印　　刷：天津图文方嘉印刷有限公司
开　　本：889 × 1194　1 / 16
印　　张：21.75
字　　数：337千字
版　　次：2022年1月第1版　第1次印刷
书　　号：ISBN 978-7-5546-1728-1
定　　价：269.00元（全四册）

编委会

拙政园

闲居赋（节选）

[晋] 潘岳

于是览止足之分，
庶浮云之志，
筑室种树，
逍遥自得。
池沼足以渔钓，
春税足以代耕。
灌园鬻蔬，
供朝夕之膳；
牧羊酤酪，
俟伏腊之费。
孝乎惟孝，
友于兄弟，
此亦拙者之为政也。

王献臣出生于苏州一个官宦世家，从小就有神童的美誉，24岁中进士，因家族隶属锦衣卫，他一入官场就直接去了行人司，两年后又出使朝鲜。比起那些一把年纪还在等待候补县官的布衣仕子，王献臣真可谓少年得意。

然而，谁的人生能不起波澜？在王献臣正值壮年，想大干一番时，锦衣卫一派在和东厂派系的斗争中败下阵来。加之王献臣平时处事刚正，得罪过东厂，这让东厂的太监们更要处心积虑地找机会陷害他。于是，廷杖之刑、牢狱之灾接踵而来。之后，王献臣一路遭贬，最终到荒僻的岭南当驿丞。

几经折磨的王献臣此时年已不惑，他看到自己的仕途已经没有大指望了，遂辞官回到苏州老家，挑了一处古寺旧址，建起一座园林。他引用古人“灌园鬻蔬……拙者之为政”这句话，给这园子取名“拙政园”，意思是种地、浇菜这样朴实的生活才是人生最值得用心经营的“事业”。

现在，拙政园已经五百多岁了，是苏州最大的古典园林，与北京颐和园、承德避暑山庄、苏州留园一起被誉为“中国四大名园”。园里的植物特别繁盛，其中宝珠山茶、荷花、杜鹃更是大名鼎鼎，还有很多建筑因花木而得名，如：秫香馆，稻谷飘香；涵青亭，像一只小鸟停在浓绿的荷叶间；芙蓉榭，凌空深入水面，是欣赏荷花的绝好去处；香洲，没有花，哪来香？还有远香堂、海棠春坞、玉兰堂、雪香云蔚亭、梧竹幽居、松风水阁……

这么多好去处呀！百闻不如一见，来，跟我去看看吧……

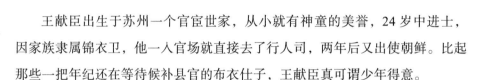

这里是拙政园

梧竹幽居
海棠春坞
棠春坞
放眼亭
听雨轩

待霜亭
雪香云蔚亭
海
小飞虹
倚玉轩

见山楼
倒影楼
笠亭
香洲
卅六鸳鸯馆
玉兰堂

前言

园林是什么？是人类创造的极佳的生活境域。

园林的美丽蓝图最初显现是在人类的梦境。

蓬莱“一池三岛”的仙境就是中华先人梦境之一：岛上有神芝仙草、醴泉美食、宫阙台观、苑囿玉石……但汉武帝将梦境化为实景“上林苑”。

陶渊明笔下仙化的桃花源，成为文人园林创作的蓝本。中国四大名园之一的拙政园，就是这一类的代表。

拙政园以守拙葆真、灌园鬻蔬为宗旨，园中植物丰茂，山花野鸟，美不胜收：秫香馆、远香堂、芙蓉榭……园林里的植物都蕴含着构园者丰富的情感，情感使这些花木获得了艺术生命。

现在，让我们走进拙政园，触摸一下植物跳动着的情感脉搏吧！

曹林娣

我在叶下乘凉

我在果实间跳跃

目录

我在几案上睡去

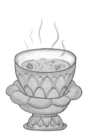

我在花朵中醒来

我是胖虫花精，
快，
跟着我和小伙伴一起，
钻进拙政园的植物丛中玩一玩吧！

紫藤

紫藤挂云木
花蔓宜阳春

紫藤，又叫“牛藤”“藤萝”，一般都是春季开花。紫藤花又大又香，有蝴蝶形状的花冠和长长的花序，一串串如瀑布般垂落下来。

苏州拙政园里的那棵紫藤树可是由拙政园的设计师之一文徵明亲手栽种的呢，已经有几百岁啦！这株老藤盘根错节，像一条在天空中盘旋的老龙。

紫藤树

[唐]李白

紫藤挂云木，花蔓宜阳春。
密叶隐歌鸟，香风留美人。

玉兰

门巷幽深白日长
清风时洒玉兰堂

辛夷坞

［唐］王维

木末芙蓉花，山中发红萼。
涧户寂无人，纷纷开且落。

春天的使者——玉兰花

你问，春天什么时候悄悄到来？抬头看看玉兰花就知道了。

三月的拙政园玉兰堂前，满树的玉兰花开得正盛，一片片花瓣用力展开，好像报春的白鸽。

玉兰，主要有白色和紫色两种。白色的玉兰花白中透出一丝碧绿，清丽纯洁；紫色的玉兰花含苞待放的时候很像笔尖或蜡烛。对啦，它还有“木笔”“辛夷”的雅称。

“辛夷坞”是王维的辋川别业中的一处景色，想来那该是一片玉兰树林吧。

玉兰树的“怪脾气”

玉兰树有一个“怪脾气”，那就是先开花、后长叶！这是因为玉兰树的花芽和叶芽是分开生长的。花芽在比较低的温度下就可以开花，但是叶芽的生长却需要较高的温度。

玉兰堂

中国人特别喜欢选择寓意为吉祥的植物种在自家庭院里，玉兰“才貌俱佳”，因而格外受欢迎。在堂前种几株玉兰再搭配上其他植物讨个好“口彩”：玉兰、海棠、迎春、牡丹搭配在一起，有一种“玉堂春富贵”的感觉，显得富贵雍容；桂花搭配玉兰，春天一树白花翩翩，秋天满院金桂香甜，取个名儿叫“金玉满堂”。

苏州拙政园的“玉兰堂”曾叫笔花堂，与文徵明故居中的书房同名。春寒料峭的时候，我们一起去玉兰堂看满树开放的玉兰花，感受文徵明笔下美丽的玉兰吧！

文徵明的玉兰情结

因为品性独特，古往今来很多诗人都特别喜欢玉兰，明代大才子文徵明就是其中一位。在他的印章里，有一方叫“玉兰堂”，还有一方叫“辛夷馆”，可见他对玉兰的爱重。

在文徵明的眼中，玉兰就是上天派来的仙子，既有赵飞燕的轻盈，又有杨玉环的丰腴，就连集美貌与才华于一身的梅妃江采萍也只能在它的一笑之间败下阵来。

玉兰

〔明〕文徵明

绰约新妆玉有辉，素娥千队雪成围。
我知姑射真仙子，天遣霓裳试羽衣。
影落空阶初月冷，香生别院晚风微。
玉环飞燕元相敌，笑比江梅不恨肥。

兰花

春风动百草
兰蕙生我篱

素雅之花

兰花长在幽深的山谷中，花朵的颜色浅浅淡淡，样子很朴素，可它在人们心中的地位却非常高。兰花既是园林三宝之一，又是植物四君子中的一位。我们常常用“兰心蕙质”来赞美气质高雅的女子，用“义结金兰”来比喻结交知己好友。

清代文化名人郑板桥非常喜爱兰花，世人都称他“兰痴”。他自己曾说：“七十三岁人，五十年画兰，任他雷雨风，终久不凋残。”

相传郑板桥辞官回老家后，在一个月黑风高的晚上，突然听到屋外有动静，他心神一动：“不好，家里怕是进了盗贼！”只见他马上稳定心神，不慌不忙地在屋里踱着方步假装吟诗，大意是：“细雨蒙蒙夜沉沉，梁上君子进了我的家门。我的腹内存着千万卷诗书，床头却没有半文金银。”小偷听到后大惊失色，赶紧往外溜。这时郑板桥本应该庆幸小偷离开，没想到他突然又说：“翻墙的时候不要碰坏了兰花盆。”小偷一看，墙头上果然有一盆兰花，盗窃不成反倒成了“护花者”，这个倒霉贼只好蔫头耷脑地逃跑了。

郑板桥写兰

郑板桥不仅画兰出神入化，所写的兰花诗更是引人入胜。他非常喜欢将兰花种在盆里，放到屋内随时欣赏，但是，过后又心疼兰花。在郑板桥看来，兰花离开了深山谷底，在狭小的花盆中生长，很不自由。每每发现自己精心照顾的兰花有憔悴的迹象时，他就觉得这是兰花在想念山谷的老家，于是赶紧将兰花栽种在太湖石和黄石之间，让山石为兰花遮阴蔽日。果然到了第二年，兰花就生长得笔直挺立，香味也更加浓烈。郑板桥看到之后，写诗：“兰花本是山中草，还向山中种此花。尘世纷纷植盆盎，不如留与伴烟霞。”

兰心与蕙质

在拙政园中散步时，你有没有发现一个小小的规律：很多花是相互搭配种在一起的，比如芍药和牡丹，兰和蕙。

黄庭坚说兰和蕙的区别是“一干一华而香有余者兰，一干五七华而香不足者蕙”。意思是，一枝长一朵花而且香味浓郁的是兰，一枝有很多花，香味却不足的是蕙，所以很多古人都认为兰要比蕙珍贵。其实，兰指春兰，蕙指蕙兰，它们都是兰属草本植物，是非常亲近的姐妹。蕙兰是我国栽培历史最悠久、最普及的兰花品种之一。实在没有必要将它们分出高低贵贱。

在园林中赏玩，兰和蕙交相辉映、相得益彰，我们能感受到兰花的馨香美好，体味兰心和蕙质的精神内涵。

题破盆兰花图

[清] 郑板桥

春雨春风写妙颜，幽情逸韵落人间。

而今究竟无知己，打破乌盆更入山。

荷

荷风送香气
竹露滴清响

晓出净慈寺送林子方

［宋］杨万里

毕竟西湖六月中，风光不与四时同。
接天莲叶无穷碧，映日荷花别样红。

盛夏，园林深处荷花香，正是观赏荷花的好时节。此时拙政园的荷风四面亭、芙蓉榭、远香堂、香洲、藕香榭中的荷花都已是亭亭玉立，婀娜多姿。如果炎热的夏天不知道去哪里纳凉，就去那池边亭中看看一池荷花吧！

它的名字叫作荷

荷花，也叫莲花。古人把没有开的荷花叫作“菡萏（hàn dàn）”，而把已经开放的荷花称为“芙蕖（qú）”。迷蒙细雨的江南，小桥流水的江南，如果要选出最具有江南水乡韵味的花，那我肯定会给荷花投一票！

“接天莲叶无穷碧，映日荷花别样红”说的就是那西湖里的荷花。在山水园林中，荷花就是水景植物里的“大明星”。比如，扬州瘦西湖上建了一座“莲花桥”，苏州拙政园里种了许多种莲花。

如今，拙政园在每年夏天还会举办荷花旅游节。

出淤泥而不染

层层叠叠的荷叶铺满池塘，高低错落，但是茎却笔直地立在水中。你看那荷花，娇红嫩白，凌波翠盖，很难想象它是从淤泥中生长出来的，难怪大家都夸赞荷花“出淤泥而不染，濯清涟而不妖”。也正是因为它的这种特性，很多人才用它来象征自己的品格。

神奇的自洁功能

下雨啦！下雨啦！整片荷塘像一个露天的演奏场，雨水是鼓槌，荷叶是鼓面，“咚咚”地奏响了夏天的乐章。雨滴啪嗒啪嗒地打在荷叶上，像顽皮的孩子在荷叶上玩起了滑梯，“嗖”地便滑下去了。大家想过没有？为什么水滴滚过荷叶，荷叶却不会湿，还可以保持干燥整洁的模样呢？

原来啊，荷叶具有自洁功能，它的表面具有超强的疏水功能。荷叶表面布满微小的乳突，每个乳突上都长着很多蜡状突起，每个蜡状突起的表面都有排斥性，这使任何液滴都无法侵入，从而使荷叶保持干爽。

雨滴不仅不能沾湿荷叶，在“蹦蹦跳跳”地从荷叶上滚落时，还能把荷叶表面的灰尘污垢带走。

能“死而复生”的胖宝宝

荷花的生命力强大得不可思议，早在白垩纪时就已经出现在地球上了。

莲子是个能“死而复生”的胖宝宝，就算沉睡几百甚至上千年，只要条件合适它便能发芽、开花。2019 年 6 月，几株宋代古莲神奇地盛开在西子湖畔，这真是穿越千年的惊喜。

闻见园林

十二屏山围屈曲
似有暗香偷送

在园林中游玩，不仅需要用眼睛看，还需要用鼻子闻！走着走着，可能会突然飘来一阵芬芳，让你身心放松，思绪联翩。这种造园的手法，就是借香了。那茉莉、桂花散布在园林中，等着你循着香气找到它们！

茉莉花，叶子油亮翠绿，对称生长，看起来井然有序。它开出的小花洁白无瑕，被浅绿色的花萼托起，显得清淡高雅。“一卉能令一室香，炎天尤觉玉肌凉。野人不敢烦天女，自折琼枝置枕傍。”刘克庄这首诗写的就是茉莉的清香。

茉莉花语

茉莉花洁白纯净，花香浓郁，很多国家都把茉莉视为爱情之花、友情之花。菲律宾更是将茉莉定为国花，花语代表忠于祖国、忠于爱情。

虎丘花市

虎丘是苏州的一座山，山上树木郁郁葱葱，古寺在林中若隐若现。

在古代，虎丘有花市。据说茉莉花盛开时，会有很多船只聚集到虎丘买卖茉莉。在《吴门竹枝词》中有这样的描写：“苹末风微六月凉，画船衔尾泊山塘。广南花到江南卖，帘内珠兰茉莉香。”

寄静庵

[元] 郑洪

钱唐三百六十寺，南北两峰图画开。
三秋桂子月中落，万里潮头天上来。
金汤故国旌旗暗，锦绣新城鼓角哀。
大法一丝悬九鼎，雨花飞绕讲经台。

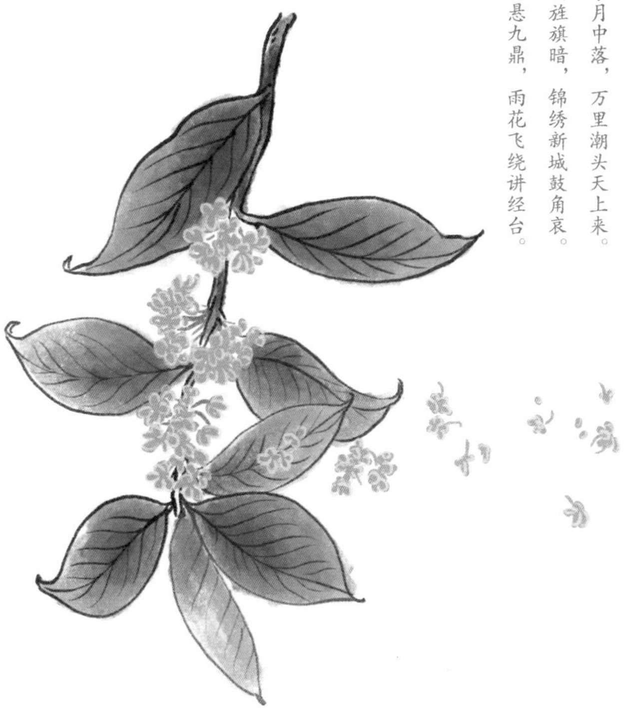

吴刚伐桂

相传，吴刚因为犯了过错，被玉皇大帝罚去月宫砍伐桂花树；但奇怪的是，无论他怎么砍，桂花树都会马上愈合。吴刚每天不停地伐树，那棵神奇的桂花树却依然生机勃勃，散发出沁人心脾的清香。吴刚知道人间没有这么神奇的树木，便偷偷将它的种子传到人间，这才有了我们平时看到的桂花树。

诗人杨万里的诗“不是人间种，移从月窟来。广寒香一点，吹得满山开”，说的就是桂花树的前世今生吧。

一缕“秋香”

苏州人对桂花有着特殊的感情，所以以桂花为市花。桂花也叫木樨花，园林里经常能看到它的身影。留园有“闻木樨香轩”，网师园有“小山丛桂轩”，耦园有“樨廊”，都与桂花的名字有关。秋天，漫步园林小径，闻着扑鼻的桂花香，就像喝多了桂花酿一样，醉昏昏，飘荡荡。

茉莉

［清］陈学洙

玉骨冰肌耐暑天，移根远自过江船。
山塘日日花成市，园客家家雪满田。
新浴最宜纤手摘，半开偏得美人怜。
银床梦醒香何处，只在钗横鬓鬌边。

香魂茶

相传唐代有位女子叫胡瑞珍，出身于书香世家，能弹琴、会跳舞，对书画也有研究。战乱爆发时，她流离失所，被诱骗到了苏州山塘街的青楼里，改名为真娘。当时苏州有个叫王荫祥的大财主，非常喜欢真娘，想要娶她为妻，但是真娘拒绝了他。王荫祥不死心，想要强娶真娘。真娘性情刚烈，一怒之下悬梁自尽。王荫祥知道后，非常伤心，就把真娘葬在虎丘，为她修了一座“真娘墓”。

传说，茉莉花本来是没有香味的，是真娘死后将自己的魂魄附在花上，才有了那令人陶醉的香气。后来，人们就把茉莉花称作“香魂”，茉莉花茶称作“香魂茶”。

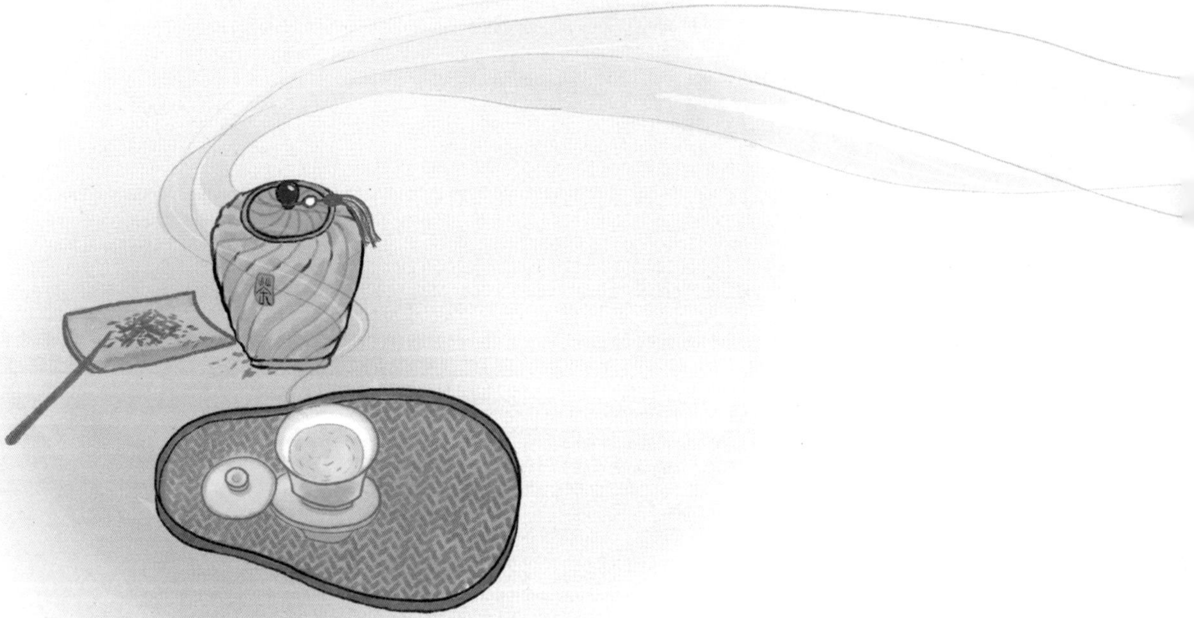

糖桂花

为了留住桂花的香味，苏州人常常会酿糖桂花。做糖桂花，一定要手工采摘新鲜肥厚的鲜桂花，拣去杂质，淘洗干净，然后一层白砂糖，一层桂花，再一层白砂糖……码放到坛子里，十天以后就可以享用了。

有了这糖桂花，就可以做出许多不同的美食了，比如桂花酒酿圆子、桂花糖年糕、桂花藕等。每年到了冬至，桂花冬酿酒也会欣然上市。围着火盆烫一壶酒，金秋的香甜随着热气袅袅上升，实在是极美的享受。

菊

菊本君子花
俗卉良难偶

花中偏爱菊

一到秋天，苏州园林里满园菊香。在拙政园、虎丘、留园、沧浪亭里，无论是在假山上、楼阁中还是厅堂里，都可以看到菊花美丽的身影。

菊花很早就出现在园林中了，现在已经有几千个品种。秋天，园林里的树叶纷纷落下，许多花草变得枯黄，在一派萧条景象中耐霜的菊花竞相开放，它们色彩缤纷、姿态万千，为秋天增添些许热闹！难怪唐代诗人元稹说：“秋丛绕舍似陶家，遍绕篱边日渐斜。不是花中偏爱菊，此花开尽更无花。”

陶渊明爱菊

东晋大诗人陶渊明一生酷爱菊花。他爱菊花的清新高雅，更爱菊花的坚韧不屈。陶公常以菊自喻，说自己不追求奢侈华美的物质，反而觉得与大自然为伴，简单而朴素的田园生活才是人生中最好的享受。因为陶渊明的垂青，后世就把菊花称作“花中隐士”。

陶渊明是“菊仙”“菊痴”，他在家中专门开辟出一个花圃来培育菊花。只要是陶渊明亲自栽种的菊花，株株都挺拔艳丽，超出寻常所见。每年秋风一起，这片小小的花圃就会被菊花装点得姹紫嫣红、美不胜收。陶渊明不仅喜欢种菊、赏菊，还非常爱喝菊花酒。据说，陶渊明经常拉着别人到自己家喝酒，喝醉了，就跟客人说：“我醉欲眠，卿可去。”——我喝多了要睡觉去，请您自便吧。

梅

疏影横斜水清浅
暗香浮动月黄昏

墙角数枝梅，凌寒独自开

真冷啊！真冷啊！雪花像是漫天飞舞的鹅毛，纷纷飘落下来，整个世界都变得异常安静。小松鼠们应该躲在温暖的树洞里抱着松果睡觉了吧，园林里的小野猫也不知道躲到谁的家里窝成了一个毛球。但是，你仔细听，这白雪茫茫中，竟然有窸窸窣窣（xīxīsūsū）的声音。循声望去，不远处的树上有雪花落下，一点点的红色在雪里显得尤为耀眼。是梅花！在一片萧索中斗雪吐艳的梅花格外被人珍视，身处困境时，人们总会想起凌寒中那一丝幽香。如此娇弱的花朵尚有铁骨冰心，更何况人呢。看看风雪中小小的、薄薄的花瓣，这样一想，还有什么过不去的坎儿？

梅花

［宋］王安石

墙角数枝梅，凌寒独自开。
遥知不是雪，为有暗香来。

拙政园的雪香云蔚亭，因为几株白梅而得名。古人形容洁白有香味的花朵时常常称赞为“雪香”，白梅就是名副其实的雪香了！那梅花林应该叫什么？叫“香雪海”，好不好？在雪香云蔚亭，可以看到梅花朵朵，也可以看那树木成群，真是“山花野鸟之间，雪香云蔚之亭”。

水仙

雪夜清寒谁是侣
汨罗江上伴湘君

每到新年，拙政园厅堂轩馆的桌案上总会摆起水仙花，除夕前后它们便绽开莹玉般的花瓣，吐露一蕊金黄，散发淡淡的香气。

关于春节赏水仙这一习俗的由来，有这样一个传说。

凌波仙子

相传明朝景泰年间，有个人叫张光惠，他颇有文采，为官清正廉洁。他看到官场黑暗腐败，官员们阿谀谄媚，不想在其中浪费大好光阴，毅然辞官返乡。

他的家乡在漳州城西南的九龙江畔，那里有一座高高耸立的圆山。这圆山有十二面，每一面景色都不相同，大家都说“圆山十二面，面面都有宝”。张光惠家就在那圆山东北面的坡地上，这坡地呈琵琶形，人们叫它“琵琶坂”。琵琶坂上有一口仙泉，从里面涌出来的泉水滋润着山下的田园土地。

张光惠站在返乡的船头上，尽情享受着沿途的景色。当他经过洞庭湖的时候，忽然发现一位穿着鹅黄色衣衫、白玉色裙裾的姑娘。只见她站在用象牙雕成的船头上，船上还挂着迎风招展的绿绸风帆。

“这……莫不是仙女？”

张光惠认为自己看错了，便使劲揉了揉眼睛，再睁开时，那仙子和船都不见了。波光粼粼的洞庭湖面上，只有一株白花轻轻地随水荡漾。那株花看起来素洁优雅、超凡脱俗，碧绿色的叶子中间长出来像小伞一样的花骨朵，小小的白花开放在花枝顶端。

王充道送水仙花五十枝欣然会心为之作咏

［宋］黄庭坚

凌波仙子生尘袜，水上轻盈步微月。
是谁招此断肠魂，种作寒花寄愁绝。
含香体素欲倾城，山矾是弟梅是兄。
坐对真成被花恼，出门一笑大江横。

张光惠伸手想把花从水中捞起，那株神奇的花却突然漂到了一边。张光惠想，这株花大概是水上的仙子吧，应该对它恭敬一些，于是赶紧整理衣衫，对着那株花的方向说道：

凌波仙子国色香，湖上飘游欲何往？
岂愿伴我南归去，琵琶坂下是仙乡。

那花好像真的听懂了他的话，慢慢向船舷靠近。张光惠赶紧找出来一个洗得干干净净的瓷盆，装满清澈的湖水，将仙花从水中托起放到了瓷盆里。张光惠见这朵花冰清玉洁、纤尘不染，还有股沁人心脾的香味，越看越喜欢，忍不住赋诗一首：

玉立亭亭自可人，神寒骨冷似难亲。
夜深为诵陈思赋，一样凌波少袜尘。

张光惠回到家乡的那天，正好是除夕夜。他把装着仙花的瓷盆摆到家里供奉起来，叫女儿把红头绳绑在仙花上，让仙花也感受喜庆团圆的气氛。正当一家人举杯庆祝新春时，忽然传来了阵阵香气和五彩光芒，原来是仙花上的花骨朵同时开放，跟大家一起庆祝团圆呢！

仙花的故事流传开来，人们都说她是洞庭湖凌波仙子的化身，应该叫“水仙花”。张家在春节前后，还将一盆盆水仙花赠予亲友。张光惠还会随花附上一首祝福诗：

漳郡圆山萤穴峰，花含仙露水流香。
玉盘金盏仙祝酒，送与君家福寿堂。

现在，福建惠州仍保留着在春节互赠水仙花以表达祝福的传统。

好吃的观花植物

泛酒煎茶俱惬当
满前腊雪化春风

在园林中游走，我们有时会被独具匠心的建筑吸引，有时会为美丽的花朵停住脚步。你知道吗，园林中的很多植物不仅容貌令人悦目，口味更引人垂涎呢！

荼蘼粥

荼蘼（túmí）花又名酴醾、悬钩子蔷薇、佛见笑，每年，当园林中的荼蘼花洋洋洒洒地盛开，一片洁白，气味芳馨。荼蘼花开了，春天便结束了，正如诗所云：“荼蘼不争春，寂寞开最晚。”

古人将荼蘼花瓣采下，先用甘草水焯烫一下，等到粥快熟的时候再将焯烫过的荼蘼花瓣加入，就是荼蘼粥了。浅尝一口，有淡淡余香，也许这就是春天的味道吧。

端木煎

端木煎是油炸栀子花的雅称。其做法是：采集大瓣的栀子花，用开水焯一下，滤干水分，然后蘸了用甘草水调和的稀面糊油炸。栀子花本身香而甜腻，洁白的花瓣经过煎炸后，就变成了让人食指大动的金黄色。

油炸牡丹

是的，你没看错，牡丹花也可以吃哦。

苏东坡在《雨中看牡丹》里说：“未忍污泥沙，牛酥煎落蕊。”这诗中提到的“牛酥”是什么呢？原来它是指从牛奶中提炼出来的酥油。用这种油煎炸出来的牡丹花，一口咬下去香脆可口，细细咀嚼又有淡淡的牡丹香味，想想就让人口水直流啊。

满江红·饯郑衡州厚卿席上再赋（节选）

［宋］辛弃疾

莫折荼蘼，
且留取、一分春色。
还记得青梅如豆，
共伊同摘。
少日对花浑醉梦，
而今醒眼看风月。
恨牡丹笑我倚东风，
头如雪。

莲房鱼包

莲房鱼包的制作非常讲究，可不是老百姓的家常菜。宋代诗人林洪有次去朋友家做客，吃到了莲房鱼包，高兴得不得了，为了表达自己对这道菜的喜爱，还专门写了一首诗呢。

莲房鱼包的做法可以分为以下几个步骤：

1. 摘来莲蓬，把莲房杂蒂去掉，再把莲房中的瓤肉挖掉，保留洞孔。

2. 取来用酒、酱等香料腌渍过的鳜鱼肉，把鳜鱼肉塞进孔洞中。

3. 把处理好的莲蓬放入蒸锅中蒸熟。

4. 取来蜂蜜，涂抹在莲房的内外。

5. 装入盘中，盘边可以配上莲花、菊花等，又好看又清新。

吃的时候，可以蘸点儿糖醋汁，鱼莲鲜嫩，荷香四溢，滋味无法言喻。

钱思复寓泖滨见荷花忆西湖游赏有诗述感书以求和步韵复命

［元］邵亨贞

每爱西湖六月凉，水花风动画船香。
碧筒行酒从容醉，红锦游帷次第张。

玉井饭

玉井饭的名字源于韩愈的一句诗：“太华峰头玉井莲，开花十丈藕如船。”

它的做法是将莲藕切成小块，采摘新鲜的莲子并去掉皮和莲心，把它们放进快要煮熟的米饭中。饭熟以后可以搭配着蜂蜜吃，也可以配着热茶一起吃。

碧筒饮

住在园林里的文人，喝酒也讲究文雅、有趣。比如，他们用新鲜的荷叶盛酒，捅开荷叶中间和茎相连的地方，让酒顺着吸管一样的叶茎流进嘴里。炎热的夏天，喝一口清凉的带着一点儿荷叶苦味的酒，真是解暑啊！

荷叶硕大碧绿，这酒嘛……叫“碧筒饮”如何？至于这像弯弯的象鼻的叶茎，不如叫作“象鼻杯”吧。

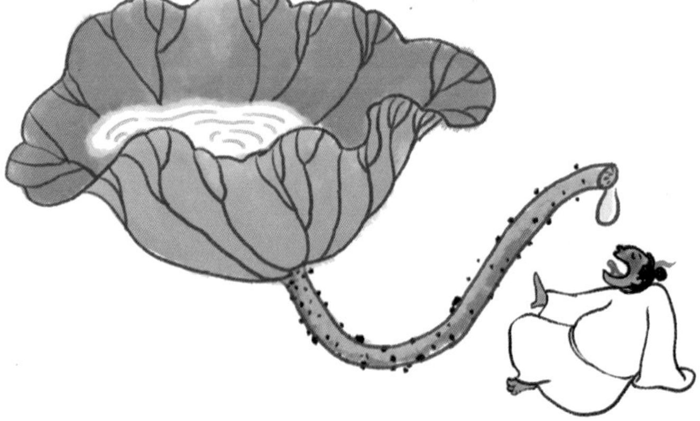

我在叶下乘凉

观叶

崇基邈高跱
林木纷交错

乌桕

江南的秋天到了，本以为世界会一片萧条，但是你看，那湖面却被什么树映成红艳艳的一片，原来是乌桕。

你家里的香皂、蜡烛、蜡纸这些东西有可能就是用乌桕做的哦！乌桕果子的表面有一层白色的蜡质，人们把它提取出来，取名“桕蜡”或“皮油”。冬天的拙政园里，白色的乌桕果挂满了枝头，远远望去就像开满了一树小花，就像梅树开了花一样，好看极了。

梧桐

传说有一种树能引来凤凰，你知道是什么树吗？

答案是梧桐树。《诗经·大雅》中云："凤凰鸣矣，于彼高冈。梧桐生矣，于彼朝阳。"这是关于"凤栖梧"最早的记录。在古代，一些人会在自家的井边种梧桐树。拙政园的梧竹幽居、怡园的碧梧栖凤馆都是观赏梧桐的好去处哦！梧竹幽居是一座方亭，它风格独特、构思巧妙，亭边还有梧桐树和翠竹遮阴，是一个非常幽静的居所。

古人常用桐油点灯照明，但是这种桐油可不是梧桐树的种子做的哦！它来自另一种树木，叫作油桐。桐油不仅可以点灯，还可以用来制漆。古代的家具大多都是桐油漆刷的。

槐

槐树的品种有很多，一般种在园林门前的是国槐。烈日当头的时候，槐树茂密的枝叶就像一把绿色的遮阳伞。当槐树开花时，一串串黄白色的花朵参差错落，远远就能闻见浓郁的芳香。

你知道吗，槐花还能吃呢！槐树的皮、枝叶、花蕾、花朵、种子还能入药。

枫

枫树是一种非常高大的树木，有的可以长到 29 米以上，和 10 层楼差不多高呢！枫树叶刚长出来的时候是绿色的，到了秋天，竟然变得火焰一般鲜艳，这是为什么呢？因为枫叶中同时含有叶绿素、胡萝卜素、花青素等植物色素。花青素很不稳定，当细胞液为碱性时，花青素呈蓝紫色，当细胞液呈酸性时，花青素呈红色。春夏的时候，叶子中的叶绿素比较多，所以叶子是绿色的。到了秋天，气温下降，叶绿素遭到破坏，花青素和胡萝卜素占了上风，使叶子变红了。

拙政园中有一处赏枫的好去处——待霜亭。“待霜”一词在苏州刺史韦应物的诗句“书后欲题三百颗，洞庭须待满林霜”中也能看到。待霜亭的四周种满了枫树，一到秋天，人们就在假山上的亭子里坐定，看那枫树红叶层林尽染，红霞一般。

爬山虎

爬山虎可不是能够爬山的小老虎，而是一种可以不断向上生长的植物。在园林的假山上、墙壁上都能看到它的身影。爬山虎并没有脚，它往墙壁上攀爬靠的是小吸盘。

春天，满墙的爬山虎就像是给墙壁披上了绿袍；到了夏天，绿色的叶子中间悄悄长出黄绿色的小花；秋天的时候，爬山虎的叶子又变成了橙黄色。正是因为有了爬山虎的存在，墙面才可以一年四季都“穿”着不一样的“衣服”。

你可千万不要小瞧爬山虎！爬山虎的生命力非常顽强，再小的缝隙它也能钻进去。因为力气太大，爬山虎可能会把墙面裂缝撑大，最后把墙体破坏掉哦。

竹子

逸气假毫翰
清风在竹林

你了解竹子吗？

中国是“竹子王国”，竹子种类非常多，分布的地域也特别辽阔，很多地方都可以看到青翠挺拔的竹子。

在老百姓眼里，竹子是最实用的植物：竹桌、竹椅、竹床、竹榻、竹杯、竹篮、竹筷……甚至盖房子都缺不了它。现在，科学家们甚至还能从竹子里提取竹纤维用来纺纱织布呢！

在读书人眼里，竹子让他们的生活变得更有情趣。竹子挺拔笔直，中空有节，文人墨客都说它是谦虚而有气节的君子，对它青睐有加。在园林中，也必须给竹子留出一席之地。

在古代，青竹有“碧玉”的美称。拙政园中有一处“倚玉轩”，原先种植着数十竿青竹。拙政园刚建成的时候，文徵明为它题名时作有一诗：“倚楹碧玉万竿长，更割昆山片玉苍。如到王家堂上看，春风触目总琳琅。”

最伤心的竹子

湘妃竹，也叫“斑竹”，是古代文人雅士最喜欢的竹子品种之一。关于它的来历，还有一段感人至深的神话故事呢！

传说在尧舜时代，湖南九嶷山上有九条无恶不作的龙。它们经常翻江倒海制造洪水，很多百姓的房子被冲塌了，农田被淹毁了。人们吃不上饭，也无家可归，只能四处流浪。首领舜决定去斩杀这些恶龙。他的两位人称“湘夫人”的妃子——娥皇和女英非常担心舜的安危，但是为了帮助百姓解除苦难，还是送舜出了家门。

娥皇和女英在家里不停祈祷，等着丈夫归来。很多年过去了，仍然不见丈夫的身影，两人决定出门寻找丈夫的下落。路上，她们听到老百姓们传唱着歌谣：“舜斩杀了九条恶龙，舜受尽磨难苦痛，舜累死在了返家的路上，舜化作山神守护万众。”两位夫人心痛不已，眼泪止不住地往下流，一直哭了九天九夜，直到泪水流干，哭出血泪。那些血泪撒到了路边的竹子上，留下了点点斑痕，成了“斑竹”。为了纪念湘夫人和舜，人们便把这种竹子叫作“湘妃竹”。

最稀有的竹子

你知道我们国家最珍贵、最稀有的竹子是哪种吗？

答案是龟甲竹。在我们的印象里，竹子都长得仙风道骨、灵秀俊逸，但是龟甲竹的竹竿却像是一片片厚厚的龟甲，凹凸不平，给人坚毅、敦厚的感觉。

龟甲竹虽然比较容易成活，但是很难繁殖，而且生长速度也像乌龟一样缓慢。大多数龟甲竹长到两米就停止生长了，那些能长到20多米的龟甲竹，当算是竹子当中的“老古董”了。

最高的竹子

世界上最高的竹子是生长在我国云南的巨龙竹。这种竹子最高能长到几十米！巨龙竹是一种非常难得的巨型建筑材料，用来建造竹楼，制作引水管道、竹地板等都很合适。而且，它的竹纤维含量特别高，用来造纸、纺织再好不过了，很环保哦。

竹里馆

［唐］王维

独坐幽篁里，弹琴复长啸。

深林人不知，明月来相照。

生长速度大赛冠军

如果植物界举办一场“生长速度大赛”，那竹子肯定是当之无愧的冠军！有些竹子每天可以长几十厘米，这是什么概念呢？打个比方，小朋友把自己的帽子放到竹子尖上，过了一天可能踮着脚都够不到了！

竹子生长速度快得益于每节竹子的“同心协力”。其他植物大都是顶端生长，但竹子的每一节都有分生组织，分生组织不断地产生新的细胞，相邻竹节之间的距离就会不断地拉长。所以，竹子的生长速度非常快。

苏东坡“宁可食无肉，不可居无竹”

北宋大文学家兼美食家苏东坡曾经在诗里说：“可使食无肉，不可居无竹。无肉令人瘦，无竹令人俗。”肉很重要，但是跟竹子比起来就不那么重要啦，真是一个名副其实的“爱竹狂魔”！

相传，有一天苏东坡和佛印大师去郊外赏雪，视线所及之处都是白茫茫一片，山石旁，几朵白梅傲雪绽放，像是冬天里的小精灵。另一边有一丛翠竹，一阵风吹过，雪花从竹子上沙沙地掉落下来，碧绿的竹子映衬着白雪，更显苍翠可爱。佛印大师看着凌霜斗雪的梅花兴致大发，脱口而出：“雪里白梅，雪映白梅梅映雪。”苏东坡本来正在欣赏竹子，听到佛印大师的诗后自然接道：“风中绿竹，风翻绿竹竹翻风。”这个对联对仗工整，竹子和梅花相映成趣，动静结合，我们好像也去到了当时的场景中。

听见园林

夜迢迢，难睡着
窗儿外雨打芭蕉

耳朵里的园林大使

园林之美可以用眼睛看到，可以用鼻子闻到。什么？还能用耳朵听到？担当“耳朵里的园林大使”的正是“芭蕉姐姐”。

芭蕉叶刚长出来的时候是卷着的，青翠欲滴。随着慢慢长大，芭蕉叶也慢慢伸展。无论舒卷，都很好看。

芭蕉虽然长得高大，却不是树，仍然属于草本植物。传统园林造景中经常会用到芭蕉。在凉亭的旁边、院落的墙角处，经常会看到芭蕉与太湖石、黄石组合而成的景观小品。芭蕉叶轻盈柔和，太湖石突兀嶙峋，二者搭配在一起，刚柔相济。“丛蕉倚孤石，绿映闲庭宇”说的就是这种意境。

听，雨打芭蕉

古往今来，一提起芭蕉总有一种淡淡的忧愁在其中，尤其在下雨天。很多诗人听到雨打芭蕉的声音总是会诗兴大发，白居易曾写道：“隔窗知夜雨，芭蕉先有声。”夜晚的雨水淅淅沥沥，打到芭蕉叶上，让人一夜无眠，忍不住思绪万千。

高明的造园人早就想到了芭蕉的用处。在拙政园里就有听雨轩等好去处。轩后墙下有芭蕉摇曳，细雨绵绵的日子，听着雨打芭蕉，那柔声细语似乎在诉说着难忘的往事。而雨珠从叶子上滑落，似乎也在提醒着大家过往不再，也该将心事收起，展望未来了。

蕉叶习字

古人还有在芭蕉叶上写诗的爱好呢！据说，唐代的大书法家怀素，10岁就到庙里当了小和尚。他酷爱书法，但是庙里没有多少纸可以供他练字，于是他想出一个好办法，那就是用芭蕉叶做纸。芭蕉叶又厚又大，用来练字再好不过了。

为此，怀素种了一大片芭蕉，号称万株。怀素规定自己每天要写满50片大芭蕉叶。有一天他在院子里用芭蕉叶练字，抬头看到郁郁葱葱的芭蕉叶都快要把他的小屋子盖住了，于是就把自己住的小屋子叫作“绿天庵”。经过多年不断的努力，怀素终于成为一位有名的大书法家。

添字丑奴儿·窗前谁种芭蕉树

[宋]李清照

窗前谁种芭蕉树，阴满中庭。
阴满中庭。叶叶心心，舒卷有余情。
伤心枕上三更雨，点滴霖霪。
点滴霖霪。愁损北人，不惯起来听。

柳

柳条百尺拂银塘
且莫深青只浅黄

淮上与友人别

［唐］郑谷

扬子江头杨柳春，杨花愁杀渡江人。
数声风笛离亭晚，君向潇湘我向秦。

春夜洛城闻笛

［唐］李白

谁家玉笛暗飞声，散入春风满洛城。
此夜曲中闻折柳，何人不起故园情。

不怕“砍头”的柳树

一到春天，拙政园的柳树就竞相长出了嫩芽。那些垂下来的枝条在微风中荡漾，就像少女柔顺的长发。柳树和桃树是一对好姐妹，你开出一朵红花，我长出一片绿叶，好像在争抢着说：“我最美！我最美！”

古人很早就会栽植并利用柳树了。在甘肃一些地方，人们会将柳树枝干剥皮，埋入土中，再灌上水，几个月后，枝干周围的土发黑了，再把枝干挖出来阴干。用这样的枝干作为房屋的椽子，不翘，不裂，不生虫。

“柳”和“留”同音，古人常折柳送别朋友，以表达依依惜别的感情。白居易作有《青门柳》：“青青一树伤心色，曾入几人离恨中。为近都门多送别，长条折尽减春风。”这是首折柳赠别诗，表达了他的伤春叹别之情。

拙政园柳荫路曲

白居易曾经有一首诗叫《苏州柳》，诗中云：“老来处处游行遍，不似苏州柳最多。”苏州拙政园中有一个路廊叫“柳阴路曲”。柳阴路曲不仅有桥廊，还有爬山廊，走廊的一侧是倒挂的垂柳，它们温柔的长丝一直垂入水中，把倒影世界和真实世界连在一起，又像翠绿的纱帘，掩映着附近的景物。明明一眼看去是这样的景色，微风一吹又好像变幻出另一番样子！有了柳树，我们永远也看不腻那园林中的美景。

折柳送别

从前，亲友分别时，总要折柳相送。你知道为什么吗？

因为“柳”和“留”谐音，送一枝柳条代表着对朋友的依依惜别。而且柳树的适应性非常强，到哪里都可以存活。送给远行之人一段柳枝，意在希望他在远方随遇而安，一切顺利！

松

松风清襟袖
石潭洗心耳

有时候，在园林中树木茂盛的地方散步，会突然被“针”扎一下，其实你是不小心碰到了松针。松针，是松树的叶子，颜色翠绿，长长的，尖尖的，十分锐利。松树四季常青，闻起来味道清新。可是，你见过松树的花儿吗？它们可真没“花样儿”，没有艳丽的大花瓣，样子颇为奇特。

拙政园中有一个地方叫松风亭，附近种植了很多松树，有时间不妨去观察一下吧！

做官的松树

传说秦始皇统一六国之后，去泰山举行封禅大典，在下山时，突然狂风大作，雨点像是一颗颗黄豆朝着人脸使劲儿砸去，让人睁不开眼睛。山路本来就窄，现在更是湿滑难走。处于危险中的秦始皇突然发现路边有一棵大松树，他赶紧一把抱住树干，等雨小了才敢放开手。秦始皇觉得这棵松树救了自己的性命，护驾有功，于是就把这棵松树封为“五大夫松”。五大夫是个官职，这棵松树就成了植物界中第一个在人间做官的树。

虽然“大树下面好避雨”，但是雷雨天可千万不要躲在“五大夫松”身下，要知道，它和天上的雷电熟络得很，可以用自己的身体引它们“下界”哦。

长寿的松树

在泰山，距离“五大夫松”不远的地方，有一棵古松，名字叫“望人松”，据说已经有几百岁了！是当之无愧的“松树长老”了吧。现在，家里有老人家过生日时，你是不是也会送去“福如东海长流水，寿比南山不老松”的祝福？

松树的眼泪

虽然松树可以活到几千岁，但是它也有“忧愁痛苦”的时候，也会像孩子一样流下眼泪！

松树的眼泪叫作“松脂”。当松树受到伤害时，松脂就会流出，把伤口封闭起来，是不是有点儿像液体的创可贴呀？原来松树的眼泪是它治疗伤口的小秘方呢！

一些掉到地上的松脂，渐渐被埋入地下，在地下埋藏千万年。经过压力和热力的作用，它们会石化为透明的琥珀。松脂掉落的时候，偶尔还会粘上蜜蜂、苍蝇等小昆虫，并把它们包裹在里面。几千万年后的今天，我们还能在松脂里看到这些曾和恐龙一起生活过的小家伙们，真是个奇迹。

拙政园中部有一座四角攒尖的正方形小亭子，亭子附近种有高大挺拔的黑松，每当风入松林，则声如波涛，这儿便是“松风水阁”。李白说：“盘白石兮坐素月，琴松风兮寂万壑。”苏轼说：“白鹤归来见曾玄，陇头松风入朱弦。”诗里的“松风”是著名的古琴曲《风入松》。明月皎洁，在水阁里听“松风”、奏古琴，园主好风雅啊。

好吃的观叶植物

愿作罗浮大蝴蝶
与君朝朝食花叶

傍林鲜

春天，竹子就像是被施了魔法一样，噌噌地长个不停。如果你在雨后的竹林里漫步，也许还能听到竹子生长的声音呢。这个时候，笋子便是最应季的食材。可是想吃到新鲜的笋子并不是那么容易的。因为笋子遇到充沛的降水之后，生长非常快速。一些爱吃笋子的古人，为了吃到最新鲜的竹笋可谓煞费苦心，想到了一种非常新颖的吃法。

他们在林中漫步时，如果看到新鲜的嫩笋，就马上支起自己带的小炉，抓一把枯草落叶当柴，用小火慢慢将嫩笋煮熟。你想象一下，满眼嫩绿的竹林里，笋子自带的清香扑鼻而来，一块嫩笋入口，仿佛吃到一整个春天的甘甜。

松黄饼

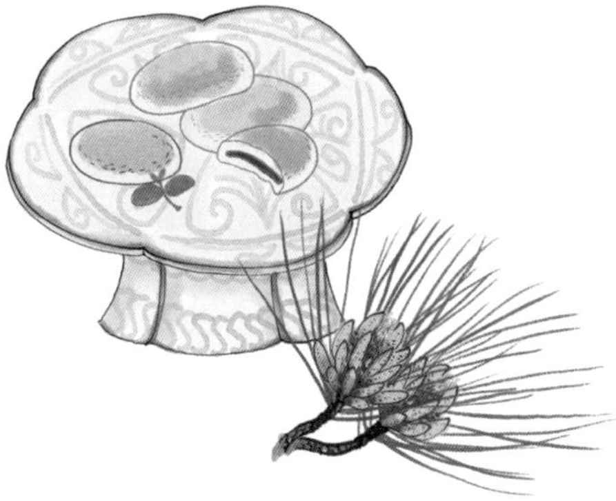

松黄饼，是一种比较奇怪的古代小食，虽然叫饼，但它的原材料里却没有面粉。看名字，你可能以为它应该很好吃，但是小朋友们却不一定能接受它的味道哦。用蜂蜜和松花粉做成的松黄饼有浓郁的松木香气，仔细咀嚼有一种清清的甘甜。

古人喜欢吃松黄饼，认为吃了它能让身体更健康，容颜更美丽——古代人也是非常爱美的哦！

槐叶淘

槐叶淘，就是用槐树叶做的冷面。

做法是用槐树叶子榨汁和面，做成面条，煮熟后放在冷水里一遍一遍地淘洗，最后往冰凉的面条上浇一勺爽口的酱汁就可以了。

在炎热的夏天，吃一碗青翠可爱的槐叶淘，浑身清爽，满嘴清香，好舒服呀！大诗人杜甫曾说："万里露寒殿，开冰清玉壶。君王纳凉晚，此味亦时须。"就连高高在上的皇帝，在夏天吃上这一碗冰凉的槐叶淘，也感到胜过山珍海味呢。

青精饭

如果你仔细观察，便能发现拙政园中有一种树木，秋天会结出紫红色的果实，非常美丽，这就是乌饭树。

乌饭树，也叫南烛树，用乌饭树的叶子榨汁煮成的糯米饭，就是青精饭。因为颜色乌青，所以它也叫乌米饭。

相传吃了青精饭，可以让肠道畅通、脾胃健康、身体强壮哦。

我在果实间跳跃

观果

雨砌长寒芜
风庭落秋果

有一种小果子，身体像小球，颜色红艳，皮非常亮，汁水酸甜可口。你知道是什么吗?

对！就是樱桃。

世界上很多地方都产樱桃，有甜的，有酸的。中国樱桃个儿小，皮儿薄，晶莹剔透，已经有几千年的种植历史。

一剪梅·舟过吴江

[宋]蒋捷

一片春愁待酒浇。江上舟摇，楼上帘招。
秋娘度与泰娘娇，风又飘飘，雨又萧萧。
何日归家洗客袍？银字笙调，心字香烧。
流光容易把人抛，红了樱桃，绿了芭蕉。

樱桃

不仅人喜欢樱桃，鸟也喜欢，总是含在嘴里叼走，所以在古代，它也叫“含桃”。

唐太宗李世民夸樱桃是“席上珍”。唐朝，每逢初夏，皇帝和文武百官品尝樱桃已经成为一件趣事。这时，樱桃正当季，很多官员都会作诗感谢圣上的赏赐。王建曾有诗云：“白玉窗前起草臣，樱桃初赤赐尝新。殿头传语金阶远，只进词来谢圣人。”看来，那时候春天吃樱桃就像中秋吃螃蟹一样，是一种应景的娱乐。

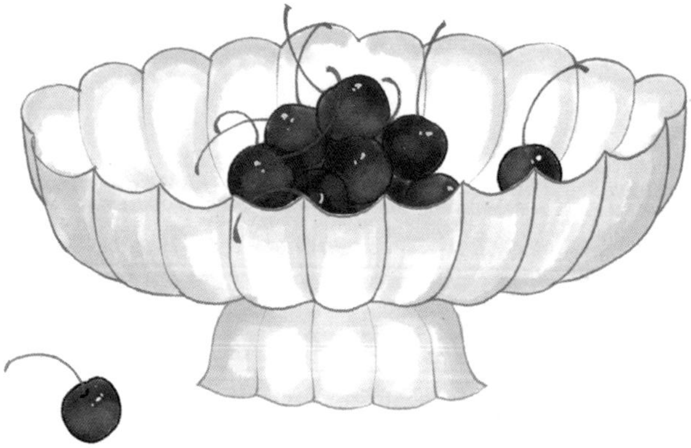

枇杷

“枇杷园”在拙政园远香堂的东南边，每到夏季，黄澄澄的枇杷缀满枝头，总能引来馋嘴的小鸟儿。

唐朝诗人杜甫有一首写田舍的诗，说在柴门古道旁，“榉柳枝枝弱，枇杷树树香”，形容了枇杷成熟时散发出诱人的香味。宋朝诗人陆游有一首诗也提到了枇杷，说“杨梅空有树团团，却是枇杷解满盘”。看完大诗人们的推荐，你都馋了吧？我也来推荐一下，苏州洞庭东山盛产一种白沙枇杷，汁水饱满，鲜甜软糯，是枇杷中的上品，到苏州一定要尝尝哦。

杏

大多数杏在每年的六七月份成熟。中国各地都有自己独特的品种，它们的名字也很有趣，比如兰州金妈妈、阿克西米西、天鹅蛋、骆驼黄、金太阳……

甘肃有一种“李广杏”，相传它的名字来自一段传奇故事：据说西汉李广将军带兵在沙漠里行军，他们已经连续走了几十里，烈日炙烤着大地，每个人的嘴里再也分泌不出一丝唾液。这时，一阵奇香传来，天空中出现了两匹彩绸。李广拔出箭，将其中一匹射落在地，那彩绸瞬间变成了一片结满果实的杏林。将士们跌跌撞撞地奔过去，捋下果子就往嘴里塞，结果那杏又苦又涩，将士们纷纷呕吐起来。李广大怒，让人把那苦杏砍落一地。可让人意想不到的是，第二天，那片杏林竟然又恢复如初，不但枝繁叶茂，还结满了肥硕的黄杏子。李广率先摘下一颗品尝，味道鲜甜可口，将士们吃了都精神百倍。

原来那两匹彩绸是奉王母娘娘命令来救李广的苦杏仙子和甜杏仙子，被砍掉的是苦杏，新结出果子的是甜杏。后来，人们就把这种杏叫作“李广杏”。

林檎

我国古代并没有现在这样红彤彤的大苹果，那会儿大家吃一种叫“林檎”的果子。它因味道鲜美，能够引来很多小鸟而得名。在园艺学上，林檎是苹果家族中的一支，也就是我们现在常看到的沙果。而我们吃的脆生生的大红苹果，其实是欧洲来客，也叫“西洋苹果”。

石榴

“黄瓷瓶，口儿小，瓶里装着红珠宝，只能吃，不能戴，又酸又甜味道好。”猜猜这是什么水果？答案就是石榴。

剥开石榴皮，你会看到石榴籽儿像一颗颗排列整齐的红色宝石，吃到嘴里，每粒籽儿都有酸甜的果汁，让人停不下来。因为石榴籽儿多，所以人们把它看作是多子多福的象征。

吃完石榴，可不要把皮扔掉哦！将石榴皮晒干，它就变成一味中药了。

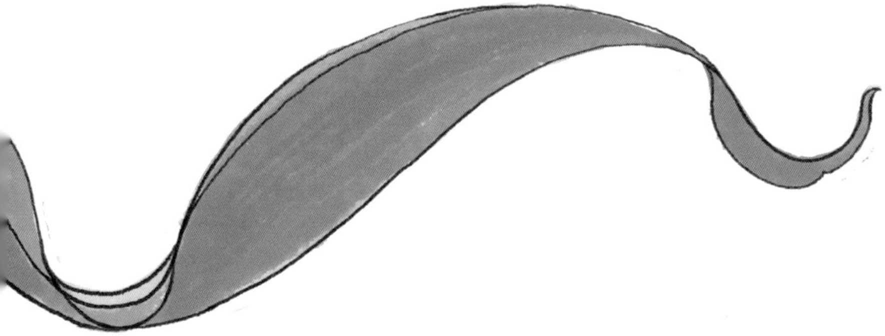

桃子

桃子在中国被神化为一种有神力的果子，能让人长寿而且不老，所以常被称作“寿桃”“仙桃”。传说，很久很久以前，在东方的茫茫大海上有一座桃都山，山上有一棵根系盘曲三千里的大桃树，树上有一只金鸡，每天的第一缕阳光从海上射出时，金鸡便昂首打鸣，嘹亮的声音响彻大地。桃树东北有鬼门，神荼、郁垒二位神将日夜看守着鬼门和这棵桃树，一旦发现有鬼怪偷偷跑到人间干坏事儿便立即将其捆去喂老虎。因此，鬼怪们每每听到鸡鸣或者看到桃枝就知道是神荼和郁垒来抓自己了，都吓得屁滚尿流。后来，每年春节老百姓就在门前挂“桃符”，并且贴上神荼和郁垒的画像以驱散鬼怪，他们便成了守护百姓安宁的“门神”。

很多人喜欢吃桃子，但是不爱洗桃子，因为桃子表面长着一层细小的绒毛。桃毛如果粘到身上会又扎又痒，怎么去除桃毛呢？方法很简单，洗桃子的时候加一点儿盐就可以把桃毛洗得干干净净了，不信你试一下吧！

香橼

香橼（yuán）是一种香气浓郁的瓜形果子，颜色黄澄澄的，吃起来酸甜爽口，不过，也有人认为它不如橙子、橘子好吃。传说，慈禧太后喜欢香橼。这是为什么呢？因为它好闻。慈禧太后对气味非常挑剔，不喜欢用香薰，喜欢闻果香。她所在的室内常摆着好闻的果子，香橼就在其中。经过长时间的人工培育，香橼家族出现了一个变种，那就是大名鼎鼎的佛手柑了。佛手柑的样子像极了一只张开指头的手，玲珑可爱，且香味十足，是绝好的案头清供。

佛手柑（其一）

[清]屈大均

香橼无大小，十指总离离。
绝似青莲举，初开玉手时。
芬须霜气满，味待露华滋。
未共壶柑熟，人愁入掌迟。

山楂

北方，在街头巷尾总能见到一种小吃，又酸又甜，又冰又脆，那就是用山楂做的冰糖葫芦。山楂又叫“山里红”“山里果”。每年的九月末十月初，山楂树上就挂满了像玛瑙一样的红果儿。在园林里也经常能看到山楂的身影，快去找找吧！

柿子

从树上摘下柿子，一口咬下去，你会马上觉得不对劲儿：“哇！呸呸呸！没熟的柿子竟然这么涩！”其实这是柿子里含有的一种叫作“鞣酸”的物质在作怪。鞣酸和唾液结合，会刺激口腔黏膜，让我们觉得又麻又涩。小读者们，你们吃柿子的时候千万要小心哦！

你知道吗，柿子树开始结果以后，可以连续采摘很多年！怪不得百姓叫它“铁杆儿粮食”呢！要知道，在饥荒年代，柿子可是人们的救命粮。吃不完的柿子，还能晒成柿饼。

柿饼经过阳光的爱抚，外皮披上了一层细腻的白霜，那可是宝贝，里面含有葡萄糖、果糖、香豆精等有益物质，咽喉不舒服时吃了会感觉缓解一些。

圆圆的扁扁的柿饼甜糯好吃，北宋诗人仲殊曾经赞美柿子：“味过华林芳蒂，色兼阳井沈朱。轻匀绛蜡里团酥，不比人间甘露。”

银杏果

银杏树号称“植物活化石”，是世界上现存最古老的树种之一，还保留着亿万年前祖先的模样。

银杏树寿命极长，有人说，爷爷种下银杏树，等到有了孙子后树才结果子，所以该叫“公孙树”。陕西西安罗汉洞村观音禅寺里有一棵巨大的银杏树，据说是唐太宗李世民亲手栽种的，已经有1400多岁了！

银杏果也叫白果，是治疗咳喘，滋养肺部的好东西。每年深秋，不少人会去银杏树下捡拾银杏果，回家之后用椒盐炒熟，热的银杏果吃起来既清香又有嚼劲儿。只是银杏有小小的毒性，千万不要吃太多。

你知道拙政园里哪儿是看银杏的好去处吗？答案就是放眼亭。它的名字源于白居易的诗：“放眼看青山，任头生白发。”

好吃的观果植物

烂樱珠之煎蜜
滃杏酪之蒸羔

樱桃煎
［宋］杨万里
含桃丹更圜，轻质触必碎。
外看千粒珠，中藏半泓水。
何人弄好手？万颗捣虚脆。
印成花钿薄，染作冰澌紫。
北果非不多，此味良独美。

樱桃煎

樱桃煎是宋代的一种古法蜜饯，类似于现在的果脯。樱桃煎最好是用刚摘下的新鲜樱桃马上制作，滋味才会更佳。

樱桃内部容易生小虫，人的肉眼是看不见的。所以制作樱桃煎，首先是将樱桃放到水中，把小虫泡出来。其次将洗净的樱桃放到梅子水中煮开，再去核捣烂，滤掉汁水。再次把樱桃肉放到模具里，脱模后就可以吃了。如果撒上白糖或者桂花，滋味会更美好。

蟠桃饭

你吃过用蟠桃焖的米饭吗？

做蟠桃饭的诀窍是把第二遍淘米的水留住，用它把桃子煮熟，然后将桃去核，切成小块，沥掉水分。等到米饭快煮熟时，倒入蟠桃块，焖煮一会儿就可以吃啦！

掀开锅盖，热气腾腾的米香和桃香扑面而来，赶紧趁热盛一碗，蟠桃的甘甜和软糯的米饭完美融合，每一粒米饭都让人回味无穷啊！

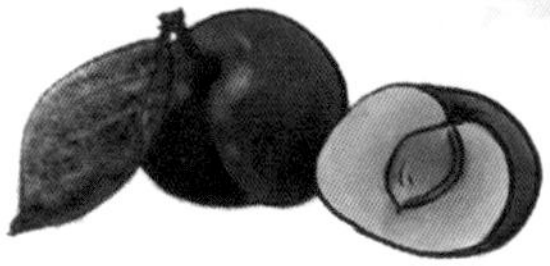

大耐糕

大耐糕，是一种用李子做出来的美食，宋朝时就有了。它的做法是把李子去皮剜核，然后用白梅花和甘草汤焯一下。去了核的李子，非常像一个小盅。把用蜂蜜、松子等材料做成的馅料装到李子盅里，用锅蒸熟，就可以吃了。提醒大家一定要注意：李子务必要蒸熟，不然会对人体的脾脏造成伤害哦。

一道用李子做出的美食，为什么叫大耐糕呢？这和开封人向敏中有着紧密的联系。宋真宗任命向敏中为丞相的那天，皇上觉得这是大喜事，此刻向敏中家里肯定宾客满堂，就派了一位官员偷偷去他家查看，结果发现向敏中家里和平时没有什么区别，一点儿喜庆的气氛都没有。宋真宗知道后，觉得向敏中为人低调、见识广、气度大，夸赞他“大耐官职”。世人将其引申到洁白清雅的李子花上：就算李子花结出了人人都爱的果子，也并不骄傲。而李子做的糕，也被取名“大耐糕”，意思是向祖先学习，宠辱不惊，廉洁奉公。

真君粥

真君粥也是个有故事的粥哦。传说三国时期有个人叫董奉，他在庐山隐居时经常免费为大家治病。有一些病人痊愈后想要回报他，他就说：“那你就在山上种几棵杏树吧！”多年之后，董奉隐居的地方已经成了一片杏林。他把杏换成米谷，用来救济穷苦百姓。老百姓为了纪念董奉，尊称他为“董真君”，把用杏做的粥叫“真君粥”。

这真君粥做起来非常简单，你也可以试一试。先把杏子洗净后煮烂，去核备用；再用粳米煮粥，快熟时加入熟杏肉。当人们口干咳嗽、没有食欲的时候就可以喝一碗真君粥，嗯……舒服多啦！

拨不断·菊花开

［元］马致远

菊花开，正归来。
伴虎溪僧、鹤林友、龙山客，
似杜工部、陶渊明、李太白，
洞庭柑、东阳酒、西湖蟹。
哎，楚三闾休怪！

蟹酿橙

古人形容金秋是“香橙螃蟹月，新酒菊花天”，说明这个时候是吃螃蟹、橙子，以及喝酒赏菊的最佳时节。蟹酿橙就是应时节而生的一道传统菜肴。爱吃螃蟹的古人觉得在正式场合啃螃蟹不太雅观，而且如果宾客们只顾啃螃蟹，肯定会影响客人之间的交流，所以就研究出了蟹酿橙。蟹酿橙吃起来简便，但做起来却非常复杂。

1. 从三分之一处把橙子切开，大的剜去果肉，留着做盅，小的当盖儿。

2. 剜出来的果汁和果肉留着备用。

3. 将螃蟹洗净上锅蒸 10 分钟，取出蟹肉、蟹黄，依次码放在橙盅里。

4. 最上层淋上香醋、黄酒，还有备用的橙汁、果肉。

5. 给橙盅盖好盖儿，再蒸 5~8 分钟就能出锅了。吃的时候加一点儿醋和盐，去腥又提鲜。

这道蟹酿橙口感丰富，能够吃到橙子的果香、蟹肉的鲜嫩、蟹黄的绵密，让人唇齿留香、欲罢不能。

橙玉生

橙玉生是一道下酒凉菜，很像现在的沙拉，所需要的食材是橙子和梨。

先将梨去皮切成块儿；之后把橙子肉挖出捣碎，加入少许醋、盐，制成酱汁；最后，把橙子酱倒在梨块上，拌匀即可。梨块儿在橙子酱的衬托下显得越发白嫩，就像是一块块晶莹剔透的玉，叫“橙玉生”再合适不过了。清甜的橙汁融入清脆的梨肉，一股清新自然之气萦绕口腔，真是一道让人愉快的爽口美食。

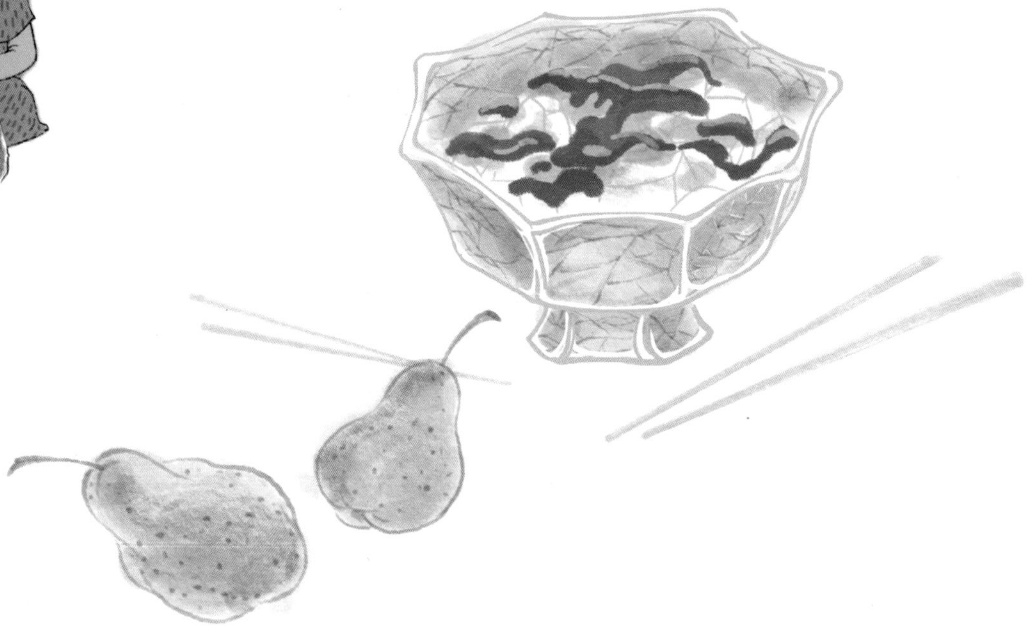

我在几案上睡去

案头上宾

竹外横斜看最好
恰伴小斋清供

春

天净沙·春
[元]白朴

春山暖日和风，
阑干楼阁帘栊，
杨柳秋千院中。
啼莺舞燕，
小桥流水飞红。

夏

昭君怨·咏荷上雨

［宋］杨万里

午梦扁舟花底，香满西湖烟水。
急雨打篷声，梦初惊。
却是池荷跳雨，散了真珠还聚。
聚作水银窝，泻清波。

秋

饮酒（其五）

［东晋］陶渊明

结庐在人境，而无车马喧。
问君何能尔？心远地自偏。
采菊东篱下，悠然见南山。
山气日夕佳，飞鸟相与还。
此中有真意，欲辨已忘言。

冬

雪梅（其二）

［宋］卢钺

有梅无雪不精神，有雪无诗俗了人。

日暮诗成天又雪，与梅并作十分春。

插花

插花原是惜花人
莫草率、贪多剪

住在园林里，以赏花观果为乐趣，这样还是不满足？那就干脆将自家园中的花朵带枝折下，插到雅致的瓶瓶罐罐中，摆在案头吧。

不辞辛苦带露折枝

品茶、挂画、焚香、插花，这四件雅事非同一般，一定要亲力亲为，否则就没有乐趣了！

古人为了采摘到好看的花草可是煞费苦心，天刚刚亮的时候就去自家园子里或者花圃中摘花是最好的。因为这时候花朵鲜艳，还有露水的滋润，正是最有生机的时候。选花呢，一定要选那种才开了一半的，这样才可以多欣赏几日。

为了插花如此不辞辛苦，可见古人对插花的热爱之情。即使到了现在，人们还是会这样摘花，在一些玫瑰种植园里，采花工人会在凌晨起床，去采摘那些带着花露的玫瑰。

山丹花

[宋] 杨万里

春去无芳可得寻，山丹最晚出云林。
柿红一色明罗袖，金粉群蜂集宝簪。
花似鹿葱还耐久，叶如芍药不多深。
青泥瓦斛移山花，聊著书窗伴小吟。

插花选瓶毫不含糊

古人插花选瓶可大有讲究，毫不含糊。比如，春冬季，最好选用铜质的器具；夏秋季，则要选择瓷器。依据时节变化，选择花瓶的材质；依据花朵特点，选择花瓶的大小；依据屋舍特点，选择花瓶摆放的方式。真的是事无巨细，每个人都像是花艺师呀！

插花爱瓶如醉如痴

明朝末年，有个人叫张谦德，家中世代富贵，一辈子插花玩瓶，过得逍遥自在。他自己曾经说过："幽栖逸事，瓶花特难解，解之者亿不得一。"意思是说，这自娱自乐的清闲生活里，只有瓶花的艺术最难领悟，能够真正领悟到其中真谛的人寥寥无几！张谦德可是相当热爱花瓶呢，他在十八岁的时候就写出了一本《瓶花谱》。在书里，他把瓶花的妙处娓娓道来，让我们也能真切地体会到古人插花的智慧和乐趣。

插花是一种认真的消遣，因此逍遥自在，不拘一格。大画家陈洪绶在《瓶花图》里就为我们展现出了自由插花的精髓。相传在金秋时节，一场秋雨过后，花园里的菊花竞相开放，枫叶也红了脸。陈洪绶和朋友一起在花园里欣赏秋天的景色，他随便折下一枝红叶，一束白菊花，顺手折来几棵小草，回屋后往瓶里一放，嘿！还真有精神。

陈洪绶还是不满足，看到这么美丽的景色，心里就像有只小老鼠一样一拱一拱地痒痒起来，想画画儿了！于是他赶紧找来笔墨，勾皴擦点染，一挥而就。你看，这画里有秋天嫣红的枫叶，有红叶上晶莹的露珠，有绚烂开放的白色的菊花，让我们感受到了"林下醉秋华"的美。

瓶

撷取群芳置案头
天香一段贮清幽

胆瓶

清 乾隆祭红釉胆瓶

胆瓶有着厚厚的底座和圆鼓鼓的肚子，颈口又长又小，看起来像是一个悬挂着的胆，造型简洁流畅，挺拔稳定，非常适合插一些长茎的花草。纳兰性德有诗说：“急雪乍翻香阁絮，轻风吹到胆瓶梅。”

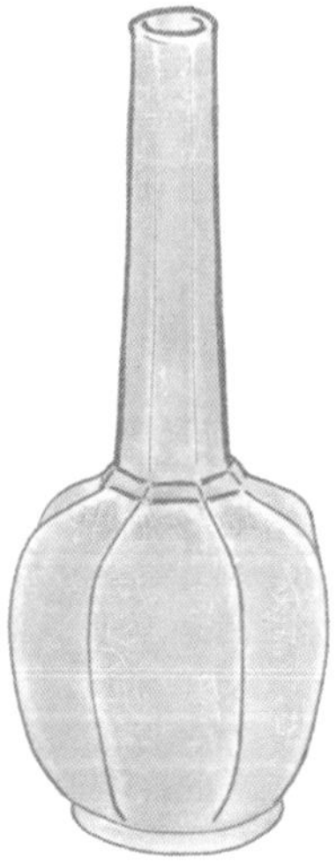

北宋 汝窑天青釉八棱净水瓶

净瓶

东汉时，随着佛教的传入，净瓶也在中国流行开来。它是比丘十八物之一，高僧们很喜爱它，常常随身携带。它脖子细长，肚子大，可以防止浮尘、蚊虫进入。用这种瓶子装水，水可以保持比较干净的状态。

梅瓶

梅瓶可是顶受欢迎的一种花瓶，它原本是宋人的酒瓶子，称为“经瓶”。它的口儿细细的，脖子短短的，高高的肩膀十分圆润，下身长，脚很细，曲线流畅，算得上中国瓷器家族中造型优美的代表之一了。

风潭精舍月夜偶成

[宋]方逢振

茅屋三间一坞云，此窝真足养精神。
不知逐鹿断蛇手，但见落花啼鸟春。
石几瓶梅添水活，地炉茶鼎煮泉新。
古今天地何穷尽，愧我其间作散人。

明 景德镇窑珐华釉青地浅彩莲塘纹梅瓶

琮式瓶

琮式瓶是仿照玉琮的样子制作的瓷瓶。它内圆外方，造型大致像个笔筒。玉琮历史久远又很神秘，是用于祭地的礼器。

个头硕大、庄重古朴的琮式瓶摆放在正堂最合适不过了。清朝人喜欢在琮式瓶上画八卦纹样，所以它也得了“八卦瓶”的名字。

南宋 龙泉官窑琮式瓶

清 乾隆 黄地描金粉彩狮纹壁瓶

壁瓶

古人爱轿子就像现代人爱汽车，得把它们内部装饰得漂漂亮亮，为此人们设计出只有一半瓶体的壁瓶，它的后壁是平板，可以穿上孔，挂在轿子里，因此壁瓶也叫轿瓶。壁瓶可以在外出时随身携带，一边游玩一边采花，深得乾隆皇帝青睐，在他的书房——三希堂的墙壁上就挂着很多壁瓶，现在你到故宫还能看到呢！

清 豇豆红釉太白尊

一枝瓶

一枝瓶，顾名思义，这种瓶瓶口小得只能插一枝花，它们瓶体的样式不固定。一些古人喜欢在书房、闺房里摆放一枝瓶，平添些许清雅之气。

纸槌瓶

纸槌瓶是一种颈部笔直的花瓶，外形很像造纸时打浆的用具——纸槌。纸槌瓶没有太多复杂的曲线，它像一位穿着素袍的绅士，简单朴素却文质彬彬。

这位“瓶君”看似简单却很有家国情怀，一些人由它“槌”的样子常联想到“捣衣”和“捣衣诗”：秋风一起，天气很快转凉，妇人们忙着为远在边关的亲人们准备冬衣。为了使衣服更柔软、更结实，在裁剪之前她们用槌反复槌捣布料，家家户户的捣衣声连成一片，响彻全城，好像思念亲人时的声声叹息。

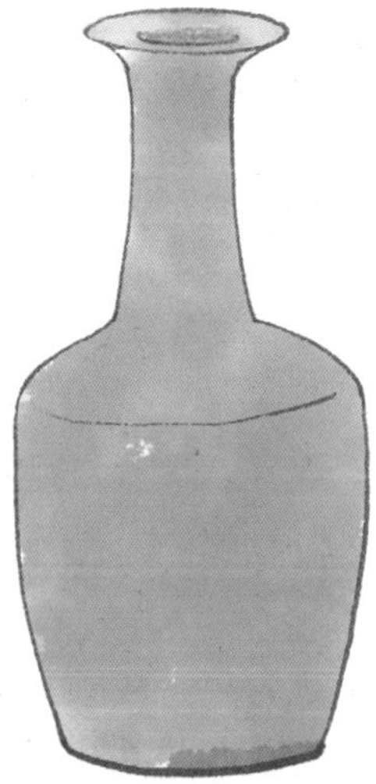

宋 汝窑天青釉盘口纸槌瓶

葫芦瓶

自古以来，葫芦就寓示吉祥。葫芦的读音跟“福禄”很像，它肚子里满满都是籽儿，象征多子多福，人们希望自己的家族兴盛，福气好像葫芦的藤蔓一样连绵不断。

葫芦瓶的形状多种多样，有上圆下方葫芦瓶，有扁腹葫芦瓶，还有方形葫芦瓶、圆形葫芦瓶、多棱形葫芦瓶等。葫芦瓶的品种有青花、五彩、五彩描金、蓝釉、白釉、黄釉等，有的上面还写着吉祥文字。

清　粉彩九桃天球瓶

天球瓶

让胆瓶的肚子好像气球一样鼓胀起来就变成了圆滚滚的“天球瓶”，这圆肚子造型在明朝就出现了。

如果按照釉色来分，有青花天球瓶、粉彩天球瓶、紫釉天球瓶、五彩天球瓶等。

这是一个被大家称为“粉彩九桃天球瓶”的花瓶。“粉彩”说的是它的颜色因为添加了白颜料所以看上去非常浅淡清雅，这里的“粉”不是说它颜色粉嘟嘟的，而是画师们习惯性地用“粉”字来称呼白色。“九”在数字里象征极大，所以用“九桃”寓示长寿无极。

鬼火保温瓶

灰宿温瓶火
香添暖被笼

金屋精舍也要维护

古人把花器叫作花的金屋或精舍。人类居住的房屋需要时时整修，那花居住的屋子也需要细心维护啊。

定期换水是保持花瓶洁净最基本的方法。因为插花的水会滋生微生物，还会腐蚀花瓶。花瓶用久了，里面会留下很多污渍。就像我们要常常洗澡一样，花瓶也得常洗澡。谁喜欢把花儿插在一个脏兮兮的瓶里呢？

瓶中放点儿盐，不但能让花瓶晶莹如新，还能帮花枝杀菌。试试看吧，让你家的花瓶焕然一新！

花瓶也怕冷

聪明的古代工匠很早就做出了有内胆的保温瓶，但大多数瓶子仍是单层，这该怎样保温呢？

秘诀就是在插花的水中放入一点儿硫黄。可是，天寒地冻的时候，就算瓶里装了硫黄水，作用也非常有限，这时就得让花瓶们白天多晒晒太阳，晚上陪在你床边了。

在慵懒的午后或者睡意蒙眬的夜晚，看那瓶中的花恣意开放，寒冷的冬天也仿佛温暖起来了。

鬼火保温瓶

相传北宋有个人叫张虞卿，他曾经在土里挖出了一个非常古老的黑陶瓶。他一眼就爱上了这个瓶并把它带回了家里插花用。

张虞卿酷爱插花，家里收藏有许多珍贵的花瓶。冬日太冷，花瓶里的水一旦结冰就会把瓶撑破，因此每晚睡前，爱花惜瓶的张虞卿都要把花瓶里的水倒掉。一天，张虞卿与朋友喝酒到深夜便忘了这事，早晨一查看，果然有很多花瓶都冻裂了，唯独这个黑陶瓶安然无恙。

张虞卿很好奇，心想：这个瓶不怕冷，它会不会也不怕热？于是他让仆人往瓶里装满了滚烫的水，这瓶非但没被烫裂，而且里面的水一整天都没有变冷。后来张虞卿出去游玩的时候，就用这个黑陶瓶来装热水泡茶。可是，有一天张虞卿的仆人喝醉之后不小心把这神奇的黑陶瓶打碎了。打碎之后，才发现这陶瓶内部竟然大有文章！原来，瓶内有很厚的夹底，上面还画着一幅小鬼放火的画！

你以为这只是一个传说吗？现实中这种类似的黑陶小罐也存在哦。

上古酒器 我来插花

腾觚飞爵阑干
同量等色齐颜

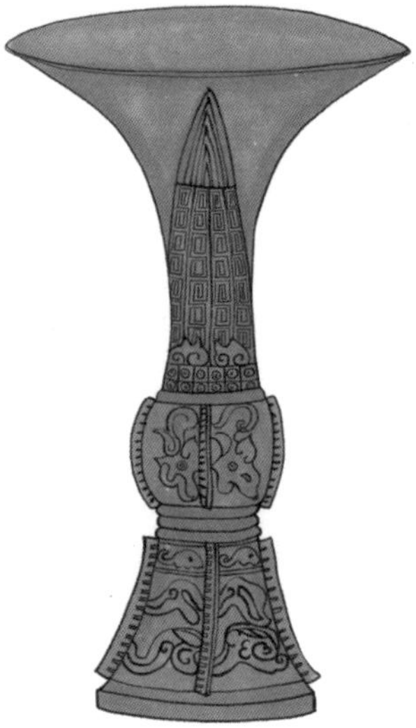
宋 汝窑蕉叶雷文觚

觚（gū）

觚是什么？

觚是古代盛酒的器具。那一觚能盛多少酒呢？在古书《仪礼》中有“觚，二升”的说法，用商鞅方升核算的话，两升大致相当于400毫升。相传孔子酒量非常大，号称“尧舜千钟，孔子百觚”，古人也太夸张了！

觚这种器具细腰阔口，横过来看非常像一只大喇叭。宋朝的时候，文人看到觚却觉得它做花瓶很不错！渐渐地，觚走到书桌上，走进绘画里，和花草相映成趣，成了文人雅趣的一部分。

梁王争罍（léi）

插花的器具多种多样，就连历史上的一些青铜酒器也能用来插花！说到酒器，先讲一下梁王争罍的故事。

罍是先秦时期用来盛酒的大家伙。相传西汉的诸侯梁孝王刘武非常喜欢收藏古物，尤其对一件青铜罍最是爱不释手。梁孝王在临死前立下遗嘱，让家人好好保存这件罍，千万不能给外人。后来梁孝王的孙子刘襄继位，刘襄的夫人非常想要那件罍。刘襄宠溺自己的夫人，不顾家人反对，将罍送给了她。

这件事被汉武帝知道了，认为梁王不遵从祖辈意愿，犯了不孝重罪，于是下令削去了梁国的八座城池，还把梁王的夫人在闹市斩首示众了！这就是历史上著名的梁王争罍事件。

古青铜器一般用作礼器和食器，汉朝以后，这种功能渐渐失去了，有人甚至用它养花。文人们这样做，是为了彰显自己的洒脱和与众不同吧？

卷耳

先秦佚名

采采卷耳，不盈顷筐。
嗟我怀人，寘彼周行。
陟彼崔嵬，我马虺隤。
我姑酌彼金罍，维以不永怀。
陟彼高冈，我马玄黄。
我姑酌彼兕觥，维以不永伤。
陟彼砠矣，我马瘏矣。
我仆痡矣，云何吁矣。

爱瓶护花

窗底梅花瓶底老
瓶边破砚梅边好

我们往瓶子里插花的时候，一定都特别期待它们能多开几天。你知道古代的文人雅士是怎么养护这些美丽的瓶中花的吗？

用水大有讲究

插花，最重要的是水。不同的花要选不同的水，放到花瓶中的水也是大有讲究。瓶中养花最好的水是什么呢？答案是天降之水，比如雨水、雪水、露水等。因为古人认为天降之水是大自然的恩赐，十分纯净，花卉受到雨露的滋养自然能够开得旺盛一些。因此，平日下雨的时候，应该多接一些雨水储备着。如果实在找不到雨水，则用干净的湖水代替。

除此之外，每日换水也是不可或缺的。如果两三天还不换水，水变得浑浊了，花容易凋零枯损。

保鲜花样奇出

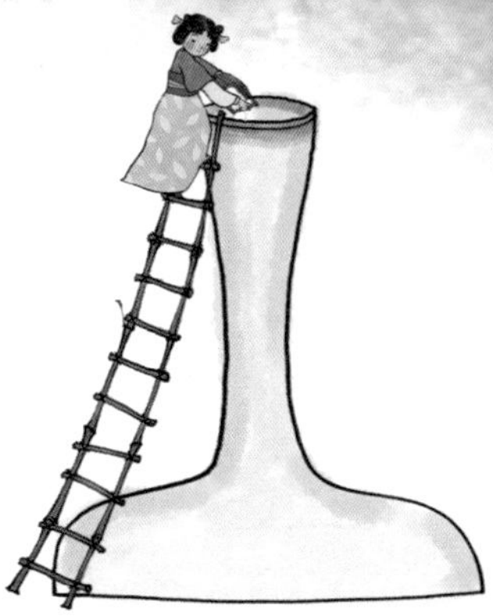

古人对花朵的保鲜可谓花样奇出，火烧、敲砸、抹盐、加蜂蜜、浸肉汤，这些方法你想不到吧？

用火烧是一种热处理法，可以灼伤处理，也可以浸烫处理。灼伤就是用火把花枝的末端烧焦，比如梅花刚刚摘下来，就可以用火烧梅花折断的地方，烧硬了才可以；而牡丹花用火烧折断的地方，得烧软了才行。

敲砸并不是指粗暴地把花击碎，而是把枝茎的末端敲砸得松散一些，以增加花枝的吸水面积，延长插花的寿命。像木兰花、丁香花、栀子花，都可以用这种方法保存。

抹盐指的是在花枝切口的地方抹上少许食盐或者在瓶中放淡盐水。因为盐可以阻止细菌滋生，保持花朵的吸水能力。

蜂蜜也是一种保鲜剂哦。把牡丹、荷花的花枝切口放到蜂蜜水里面，就可以让它们长久绽放美丽的笑脸了。

除了上面说的这些方法，古代还有很多奇怪的插花保鲜法。比如“煮鲫鱼汤可插梅”，以及用撇除油花的猪肉汤来插梅花，据说能起到防冻的效果。古人不怕这香喷喷的鲫鱼汤和猪肉汤引来小馋猫吗？

禁忌不可触碰

为了让瓶中花长久绽放，古人还有很多注意事项。

第一，保持花瓶内水质干净，最好每日一换水。

第二，不能用沾满油污的手摆弄花。如果双手沾满了油污，花就会变得黏糊糊的，不清爽，所以小读者们插花之前一定要记得洗手哦。

第三，不能让猫以及其他小动物打破花瓶，伤害花朵。

第四，不能让香炉、油灯熏到花。古时候，照明用的是油灯，屋子里也经常会燃香，这两者都会产生烟，花瓶如果离油灯太近会被熏黑。

第五，不能把花放在封闭的屋子里。花草本是在大自然中生长的，将它们放到不通风的屋子里，花朵憋闷，容易凋谢。晚上，可以把它们放到院子里透透气哦。

簪花

人老簪花不自羞
花应羞上老人头

兄弟们，花儿戴起来

有趣的是，古时候不但女孩子簪花，男人也戴花哦。不信？你读一读王维的《九月九日忆山东兄弟》：“遥知兄弟登高处，遍插茱萸少一人。”把茱萸插到发间，就是重阳节的传统习俗。杜牧在《九日齐安登高》中也说：“尘世难逢开口笑，菊花须插满头归。”

四相簪花

什么？男人簪花的故事比女孩子簪花更有趣？那我们再来看看下面这个关于簪花的神奇故事吧。

相传北宋庆历五年（1045），扬州太守韩琦在自家后花园中种了一种奇特的芍药。这种芍药人称“金带围”，它的花朵上、下部分都是红色，但是花中间却有一圈金黄色的花蕊，就好像在腰间系了一个黄腰带，所以又被人叫作“金缠腰”。

这花很是名贵，扬州人认为金带围盛开是祥瑞之兆。有一天，韩琦发现自己所种的那株金带围分开了四个小杈，每杈上各开了一朵花，那花不仅金红分明而且硕大无比，便立即邀请最好的朋友来赏花。韩琦的客人中有陈升之、王安石和王珪。宴会开始后，大家觥筹交错，相谈甚欢。喝到开心时，韩琦迈着醉步去花园中将四朵金带围剪下，四个人各在头上戴了一朵。

有趣的是，在之后的三十年中，这四个人都先后做了宰相。

南乡子·诸将说封侯

[宋] 黄庭坚

催酒莫迟留，酒味今秋似去秋。
花向老人头上笑，羞羞，白发簪花不解愁。

簪花郎

在宋代，男人簪花还是皇权威严的象征。诗人杨万里就曾经描写了宫廷宴席上官员簪花的景象：“春色何须羯鼓催，君王元日领春回。牡丹芍药蔷薇朵，都向千官帽上开。”

据说，司马光考取功名之后，宋仁宗为这些新晋进士摆喜宴簪花。司马光不喜欢浮夸的东西，不愿簪花，他旁边的人看见了说：“簪花可是皇上赏赐的，必须要戴！君命不可违！”司马光迫不得已，只好将花朵插在头上。

苏东坡做事向来不低调，他非常喜欢簪花。有一天，他应邀去吉祥寺赏牡丹花，赏着花还顺便折几枝插在了头上，然后又写了一首诗打趣自己这个爱美的糟老头子：“人老簪花不自羞，花应羞上老人头。醉归扶路人应笑，十里珠帘半上钩。”

宋朝的老百姓看到官员都在头上簪花，也纷纷模仿。欧阳修在《洛阳牡丹记》中说：“洛阳之俗，大抵好花。春时城中无贵贱皆插花，虽负担者亦然。”这句话的意思是，洛阳的老百姓都喜欢花，城里面的人无论有没有钱，人人簪花，就连挑担子卖苦力的人头上也戴着花呢！如果你穿越到宋代，看到很多人头上花团锦簇，会不会吓一跳呢？

冬日里的园林美食

响松风于蟹眼
浮雪花于兔毫

梅花汤饼

吃梅花？

住在园林里的读书人灵光乍现便创造出一些有趣又优雅的吃食。冬日里，踏雪寻梅回来，掸落一身雪花，吃一盅热气腾腾的梅花汤饼祛祛寒气吧。

这清淡的汤饼对梅花的要求却是相当严格：要选用刚刚开放的白梅花，放进加了檀香粉的水中浸泡。过会儿捞出梅花，用这水和面，做成薄薄的面片儿，再用梅花形状的模具压成一朵朵小梅花。煮熟之后，放到撇了油的清鸡汤里。

清淡的鸡汤上漂浮着洁白的“梅花”，一口鸡汤的鲜香，一口梅花的清香，这一碗梅花汤饼可以说是色香味俱全了。

汤绽梅

汤绽梅是一种用梅花做的饮料，是名副其实的花茶。初冬，梅花渐次开放。这个时候，拿着竹刀去采集即将开放的梅花，然后把梅花薄薄地沾层蜂蜡，放到蜜罐里保存。夏天喝茶时，拿出来几朵，用热水融化蜂蜡，梅花就会在茶盏里缓缓绽开。这样既满足了视觉的享受，又能喝到梅花的清香，心情一下子就舒畅了。

酥黄独

黄独又叫黄药、土芋，含有黄独素，吃了之后会让人恶心、呕吐，一般只能入药。既然黄独不能食用，那为什么宋代有一道菜叫酥黄独呢？原来这道菜并不是用黄独做的，它的主要食材是芋头。

剥掉香榧子的外壳和表面黑衣，跟杏仁一起磨碎，加入面粉拌成糊。把芋头蒸熟、晾凉，切成片，沾上香榧子杏仁糊放到锅里煎，颜色微微变白的时候味道最好。软糯的芋头让热油一煎，变得外酥里嫩，再加上香榧子和杏仁的香气，鲜美无比。

土芝丹

煨芋头可以滋补身体，芋头也叫土芝，土芝丹就是煨芋头。挑选大个儿的芋头，用湿纸包起来，然后涂满煮过的酒和米糟，用小麦糠皮生火慢煨。等到芋头熟透了，香气四溢，此时趁热去皮吃，啊……从手一直暖到肚子里。古人曾作一首打油诗：“深夜一炉火，浑家团栾坐。煨得芋头熟，天子不如我。”

雷公栗

古代有个读书人，半夜读书累了想吃栗子，但是又怕火烤栗子把毯子给烧糊。后来，他从别人处听来一个办法。他准备好一个铁壶，把一个栗子沾满了油，一个栗子沾满了水，将它们放在铁壶里，再用 47 颗栗子覆盖在上面。炭火在壶底啪啦作响，壶内，水栗子遇到油栗子，双方迸发了激烈的战斗，那声音噼里啪啦，就像是打雷的声音，书生打趣道：“这是雷公栗。”

冬日里寒冷寂静的读书夜，以几颗噼啪作响的栗子与孤灯为伴，是读书人的苦中作乐呀。

酥琼叶

琼叶是花木叶子的美称，那酥琼叶难道是拿花木叶子做的美食吗？其实不然。

它的做法是把前一天剩的蒸饼切成薄片，然后涂满蜂蜜或者油，放在火上一烤，香味儿就弥散开来了。烤过的薄饼像极了一片片的叶子，吃起来松脆无比，因此得名“酥琼叶”。诗人杨万里曾经形容酥琼叶是“削成琼叶片，嚼作雪花声”。

拨不断·酒杯深

[元]马致远

酒杯深，故人心，相逢且莫推辞饮。
君若歌时我慢斟，屈原清死由他恁。
醉和醒争甚？

拨霞供

拨霞供来源于古代的一个小故事。相传有一个冬天，美食家林洪要去武夷山拜访隐士止大师。那天下着很大的雪，一只野兔不小心从岩石上滚落，被林洪抓到了。

这冬天的兔子好不肥美！可是，荒郊野岭没有什么烹饪的工具。这时止大师说：“山里面吃兔子的方法是在餐桌上架一个火炉，炉上有锅，烧上热汤，将兔肉切成薄片，在汤里涮熟，然后蘸着酒、酱、辣椒、香料做成的调料吃。”

林洪看到锅里鲜红的肉片在白汤里翻滚着，就像那天边的云霞，便作诗：“浪涌晴江雪，风翻晚照霞。”一道“兔肉火锅”吃出无尽诗意，当吃货也不简单啊！

结束语

中国园林既有山水风月之美，又是“洗心涤性”的重要生活境域。因此，庭院雅趣，成为一种美好的追求。

园林是在咫尺之内，再造乾坤，丰简自便，即便是“容身小屋及肩墙”，依然可以在其中“窗临水曲琴书润，人读花间字句香”。

曹林娣

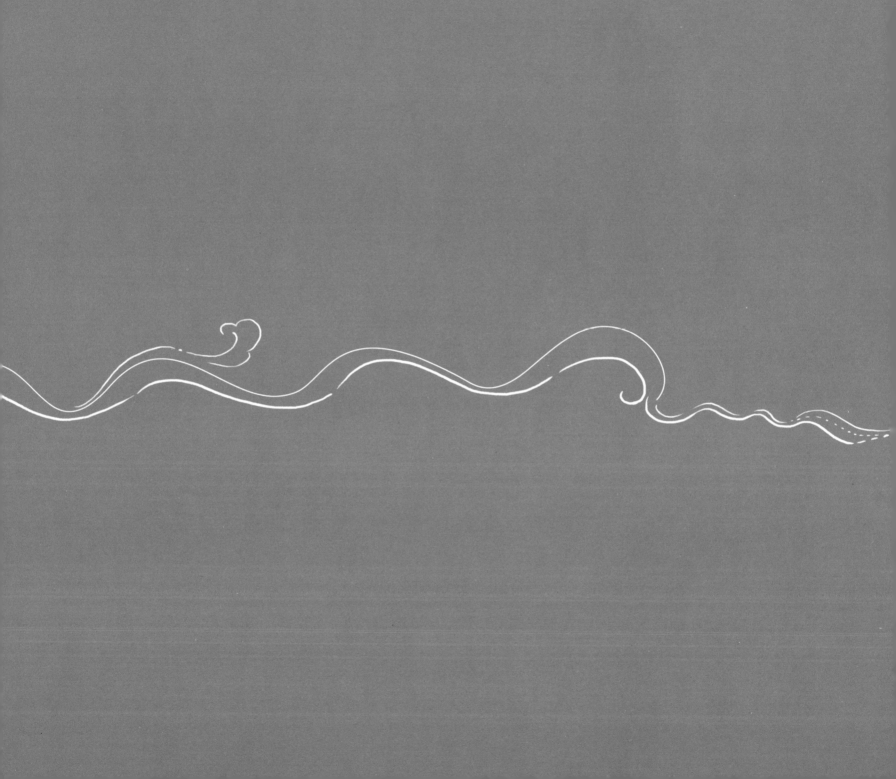